中公新書 2649

吉見俊哉著

東京復興ならず

文化首都構想の挫折と戦後日本

中央公論新社刊

目次

図表作製　アップルパイ

東京復興ならず

文化首都構想の挫折と戦後日本

序章

焼け野原の東京で

――「復興」としての戦後を問い返す

1945年３月10日，東京大空襲後の墨田区本所にて．写真撮影：石川光陽．

劫火の東京にうごめく無数の死体

東京都心に瓦礫の焼け野原が広がっていた。一九四五年八月の話ではない。その九か月近く前、四四年一一月末には、米軍による東京空爆の本格化で、都内各所が焼け野原と化していた。最初の本格的空爆となった一一月二四日以降、二七日にはB29五九機が八三トンの爆弾と四九トンの焼夷弾を渋谷や原宿、江東方面に落とした。さらに同月二九日から三〇日にかけて、二四機のB29が、六四トンの焼夷弾と一三トンの爆弾を神田方面に落とす。以来、翌年夏までにB29による東京空爆は六〇回を超えた。死者は、約一〇万五四〇〇人、罹災者は約三〇〇万人、焼失面積は約一四〇平方キロメートル、東京区部市街地の約半分にあたる。

焼夷弾とは、後にベトナム戦争で使われるナパーム弾の原型で、六トンの爆薬で市街地一平

図序－1　空襲後の神田美土代町（1944年11月30日）
出所：早乙女勝元監修，東京大空襲・戦災資料センター編集『決定版　東京空襲写真集』勉誠出版，2015年.

方マイル（約二・六平方キロメートル）を焼き尽くすとされていた。

警視庁や軍のカメラマンたちが残した大量の「空襲被害写真」は、これらの空爆による被害がいかに凄まじいものであったかを生々しく伝えている。一九四四年一一月三〇日に日本写真公社国防写真隊が神田美土代町で撮影した写真を見ると、すでに一面の焼け野原である（図序－1）。同じ日に警視庁のカメラマン石川光陽が日本橋付近で撮影した写真も、この一帯がどれほど焼き払われていたかを伝えている。翌年一月にも、一日、二七日、二八日とB29が来襲し、このうち二七日には一八二トンの爆弾が銀座、京橋、有楽町といった都心部に落とされていた。銀座の目抜き通りに並ぶビルは劫火に包まれ、その火の勢いは旧式の消防隊の能力をはるかに超え、ビルは次々に倒壊していった。

敗戦はもう誰の目にも明らかだった（はずである）。すでに当時、日本は本土上空でも制空権を失い、米軍からすれば空爆もし放題だった。しかも米軍は、焼夷弾から原爆まで、高度に科学化された軍事技術で空爆の殺傷力をかつてない水準に上げていた。まともな判断力がある者なら、米軍の空爆がさらに拡大することがどれほど恐ろしい結末に至るかを想像できたはずである。しかし日本は、そもそもそうした判断力を社会全体が欠いていたためにあまりに愚かな戦争を始めてしまったわけで、今更そんなものを求めても無理な話だった。

結局、一九四五年三月一〇日の東京大空襲の悲惨を経験しても、また一月には太平洋で連合国軍のルソン島上陸があり、三月には硫黄島の戦いがあり、さらに四月には欧州でヒットラーが自殺し、第二次世界大戦が実質的に終わっても、この国は誰も責任ある意思決定をできないまま時を過ごし、四月からの沖縄戦では凄惨な地上戦が繰り広げられて膨大な死者を生んだのである。そして、ついに八月六日には広島、九日には長崎に原爆が投下される。出すべき結論を出さずにずるずると長引いた戦争末期、沖縄、広島、長崎、それに東京で死んでいった人々は実に膨大であり、そのただならなさが、天皇の詔書朗読というたった四分半のラジオ音声で一変してしまうというとんでもない理不尽さを、本当は、日本の「戦後」は問い続けないわけにはいかないはずであった。

この戦争末期の約一年間、「戦争のかけ声の下に、日本の社会の底には、完全な無風状態が存在した」と、かつて鶴見俊輔は看破した（鶴見俊輔編著『日本の百年2　廃墟の中から』筑摩書房、一九六一年）。おぞましきことに、東京大空襲も、沖縄戦も、広島・長崎への原爆投下も、いくつもの凄惨な破壊がこの「完全な無風状態」のなかで生じたのである。多くの人々は、「無風状態」のなかの敗戦を、そのように呼ばないまでもそれぞれ経験していた。一九四五年八月一五日の「玉音放送」は、その多様で矛盾に満ち、本来、言葉にすることすらできない壮絶な経験を、再び天皇の名の下に回収し、言説化していく狡猾なる仕掛けとなった。だから重要なことは、このような回収の戦略から逃れ続ける「敗戦」と「戦後」のはざまに生じた人々の経験に目を凝らし続けることである。

この凝視の先に浮かび上がるのは、夥しい数の路上の死体である。四五年三月一〇日、より正確には九日深夜、人々が大方寝静まっていた頃、焼夷弾約三八万発、一七八三トンというそれまでとは比較にならない量を搭載したB29約三〇〇機が、低高度で東京湾上から都心東部の人口密集地域に侵入した。彼らの主目的は、日本の軍需工業の基盤となっていた下町の町工場を焼き払うことだった。日本のレーダーは、この大編成の部隊の侵入を察知することすらできず、東京は「突如の」大空襲で降り注ぐ焼夷弾の餌食となった。最初の爆弾が深川、本所、浅草、日本橋に投下され始めたのは午前零時八分、ようやく空襲警報が鳴り始めたのはそれから七分後だった。警報もなく、寝静まった深夜、低空で来襲した三〇〇機のB29から大量の焼夷弾が家々に豪雨のように降り注いだのだ。

夜明けにはまだ時間があり、真っ暗な東京の至るところから火の手が上がり、都心全域が劫火で焼き尽くされた。運の悪いことに、この夜、激しい北北西の風が吹いており、火の海をさらに広げた。風が火を呼び、火が風を呼び、あちこちで乱気流が渦巻き、灼熱の竜巻となり、逃げ惑う人々は次々に黒焦げの死体となっていった。そして実は、この「運の悪さ」は、米軍にとっては最初から計算されたことだったのだ。米軍は気象予報で、この日の東京では風が強く、延焼効果が高いことを知っており、だからこそ空爆による殺戮効果を高めるためにこの日を選んでいた。実際、綿密な計画通り、米軍機による空爆はわずか約二時間であったが、被害は死者約一〇万人、罹災者一〇〇万人に上り、火災はほぼ丸一日続いた。焼失地域はこの時だけで四一平方キロメートル、東京区部の三分の一以上だった。

この大空襲直後の状況についても、石川光陽らによる多数の写真が残されている。たとえば石川は、三月一〇日の昼過ぎに浅草・本所方面を巡回していたが、道路の至るところで「劫火の犠牲になって焼死した男女の区別もつかない死体が転がっており、ちょっとした遮蔽物の脇には人が折り重なって焼死体の山を築いていた」。泥まみれのライカをそうした死体に向けることは、その死者たちから叱責される気がして「手はふるえ、シャッターを押す手はにぶった」。それでも彼はシャッターを押し、「写し終ると合掌してそこを立ち去った」という（石川光陽写真・文、森田写真事務所編『東京大空襲の全記録』岩波書店、一九九二年）。

　こうして石川は、たとえば焼死体が散乱する浅草花川戸の路上風景を残している。まだあたりは煙が出ており、白く霞んだ風景のあちらこちらに真っ黒の焼死体が無惨に転がっている。その横を、防空頭巾の人々が下を向きながら歩く。あるいは、本所の道路の一角で密集して死んでいった人々の焼死体の写真は壮絶である。いくつもの死体が折り重なり、自転車の残骸も交じって、それぞれの死体の判別がほとんどできない（章扉）。

焼け跡の東京に息づく表情と賑わい

　だが、これほどの残酷さを記憶の底に封じ込め、あっけらかんと始まった日本の戦後は、戦時期の日本と同様、あらゆるレベルの「無責任さ」に貫かれることとなった。そのあまりにあっけらかんとした転換を、生き残った日本人報道写真家たちと、駐留する米軍とともに来たカメラマンたちが大量の「復興写真」に捉えていた。そのどれを目にしても、まず驚かされるのは、戦後日本人の表情が実に豊かなことである。登場するほとんどの人が豊かな表情で語らい、微笑み、不満そうな顔をし、覗き込み、目を凝らしている。背景の街は、しばしば瓦礫だらけの焼け野原だが、人々の表情は戦争末期とはまるで違う。単に明るい、というのではない。一人ひとりの表情、身振りが個性に溢れているのである。

この個性は、とりわけ子どもたちに顕著だった。たとえば、一九四六年二月、焼け跡の寺院らしきところでゴム跳びで遊ぶ女の子たちを撮った写真は、そうした敗戦後の子どもの表情の豊かさを見事に捉えた一枚だった（図序-2）。写真中央、まるで足蹴りをしているかのように高く跳んでいる女の子の表情には、目に焼き付いて離れがたいものがある。ゴムを持つ女の子の後ろを、カメラを意識しているのではないかと察せられる男の子が笑顔で通り過ぎていく。他方、もう一方のゴムを持つ女の子の脇には、まったく別のことに夢中なのか、片手を石の台座に置いたまま、遠くを注視しているもう少し幼そうな女の子が見える（東京大空襲・戦災資料センター監修『東京復興写真集1945〜46』勉誠出版、二〇一六年）。家々がすっかり倒壊してしまった後でも、子どもたちの実に豊かな表情が残っている。

この時代、やはり表情が豊かになっているのは女性たちで、たとえば渋谷の露店街で掘っ立て小屋の「ティールーム」の前に立つ三人の女性や、日比谷で開かれた婦人代表立会演説会を聞きに来ていた女性の表情にも顕著である（図序-3）。一目瞭然、写真のなかのそれぞれが、まったく異なる表情を見せている。これらはいずれも一九四六年三月の写真で、戦争が終わってまだ約七か月しか経っていない。それでも時代の空気がすっかり変化したのを

図序－2　ゴム跳びをして遊ぶ女の子たち（1946年2月）
出所：東京大空襲・戦災資料センター監修，山辺昌彦，井上祐子編『東京復興写真集1945～46』勉誠出版，2016年.

図序－3　渋谷の露店街に来ていた女性たち（1946年3月）
出所：同前.

感じとることができる。女性たちはより多くを語り、人々と接触を重ね、自分の才覚で相手と交渉を始めていた。もちろん、その交渉は買物客として露天商に対してなされることが多かったが、女性の露天商という場合もしばしばだった。一九四五年一一月に神田の路上で撮られた一コマは、売り手も女性、買い手も女性で、両者で表情豊かに交渉が交わされていたように見える（同書）。だから敗戦は、植民地の人々にとってだけでなく、様々な日本人にとっても一面で「解放」だったのだ。それは、表情の解放、感情の解放であり、多くの女性が公共的な場でより表現力豊かな存在になっていった瞬間だった。

一九四五年の時点で、こうして息づく人々の表情や賑わいを集約していたのは、都内各地の盛り場であった。たとえば八月一五日の「玉音放送」からわずか一週間後、浅草はすでに「帝都復興」を先導する盛り上がりを示していた。東京大空襲で全焼した本堂の再建が進み、仲見世も復旧しつつあった（『読売新聞』一九四五年八月二四日）。そしてその数か月後、浅草六区の「興行街の賑はひは戦前以上各興行場とも戦時中三年間の赤字はこの二箇月で完全に取戻したといふ、いま工事中の松竹座、公園劇場は十二月、国際劇場は来年四月開場の予定だが、それが実現すれば花屋敷、宮戸座など二、三館を除いて六区は完全に復活することになる」とされていた（『朝日新聞』一九四五年一〇月二五日）。

他方、百貨店の復活も早く、同年九月初旬、「目立つのは身なりを綺麗にする人がふえ、香水、カフスボタン、ブローチ、ハンドバッグ、パナマ帽子などがよく売れて」いた。他にも、「花瓶、刀剣、置物のほかネクタイピンや蝶ネクタイが一番売行が良い」（『読売新聞』一九四五年九月一〇日）。要するに、比較的裕福な人々は、戦争終結とともに一挙に着飾り、街を歩き始めていたのである。他方、庶民層までも含め、「盛場復興」が映画館から起こり始めていたようだ。敗戦後、盛り場の映画館はどこも満員となり、正午から午後四時半までの上映時間では客を捌ききれず、午前一〇時から夜七時半までに拡張されていった。

　こうしたいち早い盛り場の「復興」を象徴したのは、もちろん闇市の隆盛だった。闇市からの「復興」という動きの先陣を切ったのは新宿と新橋で、新宿では、敗戦の数か月後には、「公認の新宿マーケツトの繁盛は毎日十数万の客足を止めて狭い鋪道を埋め尽してゐる、これに立遅れた商店街も退蔵商品を一時にはき出して相当の闇値で都民の購買欲を煽る、いま新宿にはインフレへの杞憂も商売道徳もない「売」と「買」の放縦と無定見が圧倒的に支配してゐる」という威勢のいい状況となっていた（『朝日新聞』一九四五年一〇月二五日）。

　戦後の闇市文化については、近年、初田香成を中心に研究が活発化している（橋本健二、初田香成編『盛り場はヤミ市から生まれた』青弓社、二〇一三年他）。総じていえば、一九四五年秋から四八年春頃までの隆盛期、東京には少なくとも一七九の露店設置場所に一万八四一四店が、二九九のマーケットに八二六五店が出店していた。これは公式に認められた数字なので、実数はこれよりはるかに多く、四万、五万を超える露店が都内各地に簇生し、そこには毎日、とてつもない数の客がやってきていた。すでに述べた戦後東京人の表情も、多くがそれら闇市での売り買いを捉えたもので、闇市は戦後的日常の主舞台だった。

「帝都復興」から「戦後復興」へ——「復興」という呪文

だが、これらは本当に「復興」の一場面だったのか——。一九四五年八月一五日を境に、日本国内に溢れる支配的な言説は、「決戦」の語りから「復興」の語りに転換した。そもそも八月一五日の天皇の詔書とともに発せられた内閣告諭は、「聖旨を奉行し堅確なる復興精神喚起の先達とならむ」と、「復興精神」を「終戦の詔書」と一体化させていた。

その詔書から四日後の『朝日新聞』社説は、「経済復興の第一歩」をいかに築くかを論じている。政府もメディアも変わり身は早く、この転換が前述の人々の日常の変化と並行して起きていたことになる。その社説が主張していたのは、日本経済の復興は、「統制経済の建て直しと完成」を通してこそ可能になるという見通しだった。だから、「政府が一日も早く数字をあげて具体的かつ懇切丁寧に国内諸情勢の説明を行ひ、安易な期待と個人本位の風潮が民族全体の墓穴を掘るものにほかならないとの所以を、国民に十分納得、徹底せしむべき」ことが第一というわけだった（『朝日新聞』一九四五年八月一九日）。天皇自身や政府と同様、メディアもまた、敗戦による体制崩壊が国民のアナキーを生むのを怖れていた。

そして、この翌日の『読売新聞』は、「畏し国民生活に大御心」と題し、首相は天皇に灯火管制の中止と娯楽の復興を報告したと報じていた。それによれば、天皇から「戦争終結後の国民生活を明るくする為め例へば灯火管制を直ちに中止し街を明るくせよ、また娯楽機関の復興を急」ぐようにとの指示があったという（『読売新聞』一九四五年八月二〇日）。

この指示を受け、さらに翌日の新聞には、「有難い御仁慈の灯」という表題で、帝都が明るくなったと報じられている。その中身は、「戦勝の日の提灯行列を夢にも描いて戦つて来た一億の民草が、自らの力足らずして声を挙げての慟哭の中に迎へた戦争の終結である、泣いても泣いても泣ききれない気持、面を伏せたまま顔も挙げ得ない気持、しかもそのわれわれに対して少しでも気持を明るくしてやるやうにとの誠に有難い大御心」が発せられたというものだった。だから国民は、この陛下の「大御心」に「明日の日本再建へただひたすらの御奉公を心に誓ふ」のでなければならないと諭していた（『朝日新聞』一九四五年八月二一日）。つまり天皇のほうは、敗戦の衝撃が国民のアナキー化を生むのを怖れ、「灯り」や「娯楽」でガス抜きを狙ったわけだが、メディアはこれを「陛下の大御心」と祀り上げ、国民に「御奉公」を要請していたのである。

とはいえ、一九四五年八月以降、一挙に増殖した「復興」言説を一覧すると、この言葉の中身がきわめて曖昧だったことに気づく。たとえば厚生大臣は、「焦土のなかから雄々しく立ち上りつつある全国民の明朗な気風と健全な慰楽を培ふ」ため、「スポーツ復興」の推進を掲げていた（『朝日新聞』一九四五年九月二三日）。

他方、同年九月、全国のキリスト教会は「信仰心の復興」をテーマに集会を開く。そこでは、危機に直面しながらも、「日本のキリスト教はどこまでも国体を基礎としたものでなければならない」との考えを再確認し、全国的な統制を強化するために、罹災した教会が「復興」する場合、すべて「教団の許可を要する」方針が確認されたらしい（『朝日新聞』一九四五年九月二二日）。「復興」は「聖戦」に代わり、敗戦早々に鶴見俊輔のいう「お守り言葉」となったわけだが、そうしたなかには、女性たちの服装がモンペ姿から戦前のモダンガール風に戻ったのを「スタイル復興」と称したり、戦時中に金属供出で失われた寺院のツリガネを新たに鋳造する動きを「ツリガネ復興」と称してみたりするものまであった。

そして一九四五年秋、こうして繁茂する「復興」ムードを象徴するかのように、水上瀧太郎の原作を久保田万太郎が脚本化した「銀座復興」という演目が、尾上菊五郎一座により帝国劇場で上演されていた。第一次決戦非常措置令により閉鎖されていた帝国劇場が、ようやく「復興開場」となるにあたっての公演である。公演は一〇月三日から一一月二一日までとそう長くもなかったが、時代風潮にマッチして様々なメディアで取り上げられている。しかし、この作品が題材にしていたのは、敗戦後の銀座の復興のことではない。原作は一九三一年に書かれているから当然だが、「復興」とは関東大震災からの帝都復興のことだった。

つまり、敗戦後の人々は、再び焼け野原となった東京の未来を「復興」という言葉で象徴することにより、これを約二〇年前の震災復興の記憶と重ねたのだ。人々がその集合的想像力のなかで願望した二つの「復興」の重なりは、その前提に「関東大震災」と「東京大空襲」を重ねる意識を内在させていた。つまり東京大空襲は、突然、はるか彼方から襲いかかった災害として認識されたのだ。東京が廃墟となったのは、自らがその集団意志によって荷担したおぞましき戦争の結末というよりも、よくわからない不可抗力的な力による悲惨な出来事となった。東京は、何か超越的な力によって突然、焼け野原にされてしまったというわけである。これは、米占領軍にとっても、日本政府にとっても歓迎すべき解釈だった。

だがこれは、お守り言葉に介された錯視（さくし）である。「関東大震災」と「東京大空襲」の歴史性はまったく異なる。東京「大空襲」という言葉自体がそもそも問題含みなのであって、それはあくまで米空軍による「東京空爆」であった。この空爆に向けて米空軍は日本列島の精密な航空写真模型によるシミュレーションを重ねていたのであり、さらにナパーム弾をはじめとする大量殺戮兵器の開発を進めていた。「東京大空襲」として経験された現実は、あくまで対戦国の軍事作戦上の行為の結果なのであって、自然災害ではない。

それにもかかわらず、焼け野原となった東京で敗戦を経験した人々とこの国の政府は、関東大震災と東京大空襲を重ね、震災からの「復興」に、敗戦後の焼け野原からの「復興」を重ねようとしたのである。この見立ては、敗戦後の東京に浮上した様々な営みや語りのなかで機能していたが、その一例を、当時、東京の各地で開かれていた「復興祭」にも垣間見ることができる。もともとの関東大震災からの「復興祭」は、一九二三年以降、二〇年代を通じて各地で催されていった一連の復興祝賀イベントを指し、とりわけそのクライマックスとなる三〇年三月の帝都復興祭はきわめて大規模な国家的イベントとなった。

水出幸輝はこの帝都復興祭を、「震災」の語られ方が「〈現在形〉から〈過去形〉に変わる象徴的な時点」として位置づけ、このイベントをめぐる東京と大阪の報道を対比的に分析している（水出幸輝『〈災後〉の記憶史』人文書院、二〇一九年）。帝都復興祭は、公式的には天皇巡幸と復興完成式典を柱としていたが、同時に催される各種催しへの一般市民の参加も重要だった。実際、公式行事の後には、花電車や広告行列から提灯行列、陸海軍軍楽隊の音楽行進、記念体育大会など盛り沢山のプログラムが展開し、街は人出で溢れた。ここで目指されたのは、東京市民の間に「帝都」意識を涵養することであったが、その達成は東京という地理的空間と結びついていた。水出は、帝都復興祭の報道や受容が、東京と大阪、また地方によって大きく異なり、この祭典は国土全域をあまねく巻き込んだというよりも、東京とそ

図序－4　日本橋復興祭に集まった人々（1946年8月20日）
出所：同前.

の周辺でこそ熱狂的に受け入れられていたと論じている。

一九三〇年の帝都復興祭が大規模な国家イベントだったのに対し、敗戦直後の復興祭は、はるかに小規模な町内会的イベントにすぎない。それらは一九四六年夏から秋にかけて、銀座、日本橋、神田、下谷、人形町などから蒲田のような街まで各地で開かれていた。費用も規模も、メディアでの扱いも、これらは戦前の帝都復興祭とは比べものにならないし、中身でも、たとえば日本橋では、木やり、神輿、山車、芸妓や東宝映画のスターのパレード、下谷では復興展覧会、連合軍感謝音楽大会、学校児童生徒連合体育大会、人形町では山車、手古舞、神輿、イルミネーションの花トラックというように、伝統的な祭りの形式を踏襲するものが多かった。だから表面的な比較には意味がないのだが、しかしまだ焼け跡だらけの状況で、なお復興祭が各地で催されていった基底では、かつての帝都復興祭や一九四〇年の紀元二六〇〇年記念式典の集合的記憶が作動していたと考えられる。

そして、この復興祭を同時代の人々がどう受け止めていたのかについても、「復興写真」が多くを語っている。それらを仔細に眺めると、焼け跡の東京で、実に多くの人々が復興祭に熱狂していたことがわかる。驚かされるのは、祭りに集まる群衆の多さである。銀座、日本橋、神田、上野（うえの）のどこの復興祭でも大きな人だかりができていた。その人だかりのなかで、神輿が担がれ、パレードが行われていた。たとえば一九四六年八月、日本橋復興祭に参加するために日本橋交差点付近に集まった人々は辺りを埋め尽くしていた（図序-4）。焼け跡だらけの東京で、群衆はすでに「復興」を祝っていたのだ。そして多くの復興祭で、若者たちが神輿を担ぎ、その神輿を群衆が見物していた。つまり、それらは地域の祭りと結合していたのであり、人々は戦争が激しくなってからは禁止されていた祭りを、「復興」を口実に再開し、久々の「お祭り騒ぎ」に熱狂していたのである。

魂の再生なき「復興」は続く——東京復興ならず

したがって、ここでやはり問われるべきなのは、そもそも「復興」とは何かという根本である。言うまでもなくこの問いは、関東大震災や東京空爆からの「復興」だけでなく、一九九五年の阪神淡路大震災や二〇一一年の東日本大震災と福島第一原発事故、そして二〇二〇年から二一年にかけてのコロナ禍からの「復興」にまで通底する問いとなる。

この「復興」の概念をめぐり、東日本大震災が起こる五年も前に宮原浩二郎が重要な問いかけを行っていた。宮原は、直接的には阪神淡路大震災からの「復旧・復興」をめぐる議論を念頭に、そこに根本的なボタンの掛け違いがあると指摘する。ある地域が災害に遭遇した後、しばしば「復旧」と「復興」は対にして使われる。しかし、「復旧」が「電気・ガス・水道を使えるようにし、道路・鉄道・港湾を修復し、学校・病院などの公共施設を再建する」という明確な意味を持つのに対し、「復興」の意味は曖昧であり、多義的である」(宮原浩二郎「「復興」とは何か――再生型災害復興と成熟社会」『先端社会研究』第五号、二〇〇六年)。

この曖昧さの輪郭を、宮原はまず一般社会での受けとめられ方の側から捉えていく。ネットやマスメディアで「復旧」や「復興」という言葉がどう使われているかの用例を調べるのである。すると、「復旧」は文字通り「元の状態に戻すこと」であるのに対し、「復興」は「災害前より良くする」「新しい価値や質を付加する」などの過程として解釈されていた。宮原はまた、関西学院大学と朝日新聞社が二〇〇五年に行った「全国自治体調査」に基づき、自治体職員がこの二つの概念の違いをどう考えているかを検討した。すると回答は、「復旧」と区別される「復興」を、ハードだけでなくソフトも含めた、また個別被害に対して広域エリアの、さらに都市構造や産業基盤の中長期的プロセスとして捉えているが、同時に「復旧をこえた」発展的過程として「復興」が理解されていたという。

　宮原は、このような「復興」概念の解釈が、この言葉の本来の語義から大きく外れることに注意を促す。なぜならば、「復興」の語は本来、「一度衰えたものが、再び盛んになること」を意味し、「以前より良くなる」ことは、この言葉の語義にはそもそも含まれていないからだ。行政も住民も、災害からの「復興」が災害前よりも「もっと良くなる」ことだと考える。この思考の枠組みに、実は根本的な錯誤がある。なぜならば、「「災害前より良くなる」ことは、ほとんどの場合、防災力の向上や被災者・被災地への心理的鼓舞をはるかにこえて、都市や地域全体の総合的開発・再開発が（ママ）意味してきた」。このような思考回路の浸透の底には、「成長し膨張する都市」という、近代を通じて広く一般化してきた都市観がある。そしてこの都市観を代表してきたのは、もちろん東京であり、そうした「復興」概念の原型を形作ったのが、関東大震災からの「帝都復興」であった。

　以上の宮原の議論は「復興」をめぐる議論の急所を衝（つ）いている。「復興」とは、「一度衰えたものが、再び盛んになること」で、同様の言葉には、「再興」「興復」「回復」「恢復（かいふく）」「蘇（そ）

生」「復活」などがある。つまり、何らかの理由で何かが衰微、ないしは失われ、しかしそれが再び取り戻される過程が「復興」の語義なのだ。ここにあるのは、歴史を直線的な発展過程として捉える進歩主義的歴史観ではない。むしろ、歴史を何らかのパターンの反復、ないしは循環として捉えていく歴史観である。そして実際、震災後の再開発を「復興」とする使われ方が一般化する前までは、この意味の「復興」の使用のほうが一般的だった。

たとえば、近代日本における「復興」の語の代表的な使用法は、「ルネサンス」の訳語としての「文芸復興」であった。美術史の視点から中江彬が検討しているところでは、この訳語を案出したのは高山樗牛である（中江彬「明治時代のルネサンス概念、天心と樗牛」『人文学論集』第二三号、二〇〇五年）。すでに高山以前、岡倉天心や九鬼隆一がルネサンスに注目しており、九鬼はこれを「古学復興」と訳していた。岡倉や九鬼の根底にあったのは近代主義的ナショナリズムであり、実を言えば近代西欧におけるルネサンス概念擡頭の背後にも同じ思考が潜んでいた。つまり、ルネサンスを近代の原点とすることで、近代は中世を否定し、古代に自己を重ねたのである。そして明治日本は、徳川を否定して古代律令制の「復興」としての「王政復古」を成し遂げた。だから、「古代の復興」としての近代というまなざしを、明治日本は近代西欧から密輸入していたことになる。

これに対して高山は、ルネサンスが復興したのは、ローマに求心化する帝国主義的古代というよりも、帝国諸領域がそれぞれ独自の文化を育む、より多声的、多文化的な古代だったと考えた。九鬼の「古学復興」と高山の「文芸復興」は、「復興」概念の理解を共有していたが、帝国主義的拡張を始める同時代の日本に対するスタンスを異にしていた。

こうした振幅があるにせよ、ここでは明治日本にとって「復興」とは、何よりも「古代の復興」であり、これが国家のイデオロギー的基盤をなしていたことが重要である。つまり歴史的に「復興」の語は、アルカイックなものの復活という観念と結びついてきた。それは古代の復興、失われた伝統や様式の復興、すっかり衰えてしまった家系や生業の復興といった意味であった。だから、災害からの「復興」で巨大な防潮堤が築かれ、木造低層の家々が高層マンションに建て替えられ、地域の昔ながらの風景が失われてしまうことは、この語の原義からすれば完全な逸脱である。被災地を新たな未来に向けて開発することは、断じて「復興」には含まれない。それはむしろ「復興の否定」と言うべき事態なのだ。「復興」は、そもそも未来ではなく過去へのベクトルによって成り立ってきた言葉である。

ところが、「帝都復興」はこの概念の倒錯を大々的に広めたのであり、その後も近年の大震災からの「復興」に至るまで、同じ誤りが犯され続けている。この倒錯が、これほど長きにわたって続いてきたのは、私たちの社会がそれだけ「成長」や「発展」の直線的な歴史観に呪縛され続けたからである。

だからつまるところ、本書のタイトル「東京復興ならず」には、二重の含意がある。第一に、それは戦後日本の「東京復興」が、文化首都を目指すものから「より速く、より高く、より強い」首都の実現へとひた走る成長主義的な路線に転換していった過程を具体的にたどっていくことになる。敗戦後、戦災復興計画が目指したのは、東京への一極集中化ではなく、より分散的な都市ネットワークのなかに大学街や娯楽街を配置し、緑と文化の首都を実現することだった。このあまりに理想主義的な計画は、たしかに最初から実現可能性に問題があったのだが、同時にこの構想は、「文化」を基軸に戦後復興を成し遂げようとする同時代の思想と不可分だった。このような文化首都としての東京を目指す考え方にとっては、「復興」は「経済成長」というよりも「文芸復興」に近かった。

しかし、東京の未来についてのこの想像力は、やがて高度経済成長への奔流(ほんりゅう)のなかで流産する。実際の東京は、敗戦後に構想されたのとはまったく違う道をたどった。この転換を決定的にしたのは、もちろん一九六四年の東京五輪開催である。「戦後復興」の達成を祝う世界大の祭典として五輪が準備されていくなかで、東京の水辺の上は首都高速道路で覆われ、都電は廃止されて自動車交通が支配していった。青山通りをはじめとする道路は大きく拡幅され、東京の文化重心は都心北東から都心南西へと移動した。文字通り、東京は「速く、高く、強い」オリンピックシティとなったのである。本書がまず問い返しているのは、この東京が実際にたどった道は、本当に唯一の可能性だったのかという点である。

しかし、このように経済成長路線を邁進（まいしん）した東京の戦後は、そもそもの「復興」とは根本的に異なる過程だった。これが、本書のもう一つの問いである。前述のように、「復興すること」と「成長し続けること」は水と油の関係にある。「復興」は、仮に部分的に「成長」のモメントを含んでいたとしても回帰的な過程であり、「成熟」に近い。春が来て草花が成長し、花を咲かせ、実をつける。それは成熟に向かう成長であり、そのような循環が積み重なることで大地は豊饒（ほうじょう）化する。そうした成熟や回帰を含まずに、ただ都市が直線的に成長を続けること、これは第Ⅲ章で見る丹下健三（たんげけんぞう）がまさに思い描いた都市の未来なのだが、このビジョンは破滅的な結末しか生まないのだ。ところが、成熟としての「復興」という概念を、戦後東京はついに獲得しなかった。否、少なくともいまだ獲得できていない。

第Ⅰ章

文化国家と文化革命のあいだ

——文化による復興とは何か

1946年11月3日，かつての天長節に日本国憲法公布．皇居前広場で開かれた祝賀都民大会では中央に昭和天皇・皇后が見える．写真：共同通信社．

1　焦土からの「文化国家」の復興

「平和」のシンボリズムとしての「文化国家」

一九四五年夏、日本の思想潮流は、「徹底抗戦」を叫ぶ「軍事」国家のそれから「世界平和」を称揚する「文化」国家のそれへと雪崩（なだれ）を打って転身した。八月一五日の「玉音放送」からわずか一週間の二二日、すでに新聞には「この悲運を〝試煉（しれん）の鞭（むち）に〟新生日本の芸術文化創造　世界の檜（ひのき）舞台へ踏出せ再建の巨歩」という見出しが躍っている。

曰（いわ）く、日本は「戦ひに敗れたりとはいへ文化においては決して負けない、この燃えるやうな決意のもとに立ち上るとき、はじめて敗戦といふ惨めな現実は日本民族永遠の発展にとって大きな〝試煉の鞭〟として生かされる」。だから我々は、「三千年の伝統の基礎の上に立って広く世界の芸術文化を採り入れ、日本の芸術文化をさらに広く」宣揚していかなければならない（『読売新聞』一九四五年八月二二日）。このように新聞は、廃墟のなかで打ちひしがれる人々に対し、ドラマの主題を「軍事」から「文化」に移し、再び「日本民族永遠の発展」に向けて立ち上がるように鼓舞したのである。

同様の主張は九月以降の新聞でも繰り返された。たとえば、「戦ひに敗れた日本の新しく生れ来る大きな指標は〝文化日本〟の建設である、科学の上でも、芸術の面でも真に世界を讃嘆せしめ世界文化に貢献し得る〝文化日本〟をうちたてることこそ敗戦日本の生きる道である」（『読売新聞』一九四五年九月一一日）との記事がある。敗戦直後、「文化」は「平和」と対をなし、それまでの「軍事／戦争」に代わる国民的標語となった。

これらの文化国家論が、中身のない空虚な流行だとの批判は当時からあった。たとえば敗戦からほぼ一年を経た一九四六年八月九日、『読売新聞』社説は、「文化国家文化国家といひながら、その実体はなにかといふ点も一向はつきりされてゐない。もう日本には武力は許されない。文化で国家的な水準を昂めるよりみちはない――この程度の素朴なぼんやりした考へで文化国家が唱へられ、それをまとめあげることもせず、勿論実行することもせず、ただお題目のやうに口にしてゐるのが現状」で、その限りでは「聖戦完遂」とか「八紘一宇」といった内容のない戦時中のスローガンと何ら変わりないと流行を批判していた。

この意味で「文化」は当時、鶴見俊輔のいう言葉の「お守り的使用」の典型だった。鶴見によれば、言葉の「お守り的使用」とは、自分の立場を守るために、その社会の支配的勢力に正当と認められる言葉を勝手な意味づけをして使いまわすことである。同じ言葉でも、違う立場の人が違う文脈で用いれば本来は違う意味を帯びる。しかし、全体としてその言葉は同時代の支配的な価値に結びついているから、皆がそれぞれの思惑から使用するなかで、あたかもそこに時代の共通価値があるかのような幻想が成立していく。つまり、「いろいろな傾向の人々が自分勝手な計画を実行するに際して、その成功を祈る意味で、魔よけとして、あるいはその事業の上に、あるいはその思想の上に、この言葉をかぶせた」のである。

こうして日本人が言葉を「お守り的」に使用して自らを魔法にかけていく仕方は、戦前と戦後でほとんど変化していなかった。それどころか、現在に至っても、「成長戦略」や「イノベーション」は、言葉の「お守り的使用」の典型例だろう。敗戦直後の日本で、「文化」は実は「国体護持」と水面下で結びついた言葉であったが、「政府は、戦中から戦後にかけて、おなじ系列のお守り言葉をつかってみずからの政策を正当化し、その言葉のさし示す内容を敗戦の危機に際してすりかえたのであった。国民は、言葉がおなじであり、かわらないということにだまされて、言葉のさし示すことがらの変化に対するすみやかな反応をさまたげられた」（『鶴見俊輔著作集』第三巻、筑摩書房、一九七五年）。

しかし、それでもなお文化国家言説は「軍事国家」からの脱却を願う国民の気持ちと共鳴しており、これを単に「空虚な言説」とするのは的外れだとの反論もあった。たとえば天野貞祐は、「国家建設の生命力」と題された寄稿で、これまで文化国家は、「軍備に重点をおいた国家に対していふのであつて無防備にしてしかも高い文化を有つ国家」を指すこと、つまり「軍備を有せず、しかも高い文化をもつた国家といふものはかつて歴史の上に存在しなかつた」わけで、そのような非武装の「文化国家」が、「今後の日本の進展を指導すべき歴史的原理であり、理念」だと論じていた（『読売新聞』一九四六年九月三〇日）。

当時のこの雰囲気を、約四半世紀後、初代文化庁長官となった今日出海と河盛好蔵は次のように回顧している（「〝文化国家日本〟の転機」『読売新聞』一九六九年五月四日）。

河盛　……日本が戦争に敗れたあとで、これからは文化国家でいこうという議論が出てきたわけだが、戦争に負けたから文化国家でいこうという、その発想が少しおかしかったのではないか。……

今　その当時は、文化というものに対して比重がないんだね。ただ軍国主義国家は困るので、文化なら戦争はしないし、それでいこうということだったのだろう。日本では何でもはやり言葉なんだな。その意味とか、言葉の比重なんか考えない。だから、なんとか文化を起こしていこう、という気は毛頭ない。非常に無責任に文化国家という言葉を合い言葉にしたんですね。

河盛　文化なんていうものは、ナベ、カマをつくるようにはいかないのに、あのときの一般の頭にあったのは、鉄砲の代わりにこれからはナベやカマをつくりましょうというところにあったんですね。

今　憲法が新しくできたでしょう。それに呼応したわけですね。あのとき文部省の文化課といったものが、いまは文化庁になった。

結局のところ、文化は「鉄砲」に代わり「ナベ、カマ」として持ち上げられていたにすぎなかったのかもしれない。軍国主義から文化主義へ――ここに再登場する文化主義は、第一次大戦後に一世を風靡(ふうび)した労働者階級による民衆文化主義とも異なるし、一九二〇年代から三〇年代にかけて輸入されたドイツ流の文化主義とも異なっていた。敗戦とともに一躍前面化する文化国家論は、軍事国家の突然の崩壊により生じた空白を埋めるために持ち出された急ごしらえの象徴操作で、「文化」は「平和」とほとんど同義に用いられていた。

「国体護持」と「文化国家」の両面性

だが実は、ここに若干の留保も必要だ。敗戦直後の「文化」の強調は、戦中期の国体ナショナリズムを捩れた仕方で継承してもいた。たとえば一九四五年九月九日、当時文相だった前田多門は、「青年学徒に告ぐ」と題して次のようなラジオ講話をしたとされる。

> われ等の往く道は一つ、武力の代りに教養を以て世界の進運に寄与すべき文化日本の新建設を期することだ、それは同時に今後わが国民の朝夕忘れてならぬ皇国護持の支柱ともなるべきものである、諸君は今回の大詔渙発にあたり、国体の有難さを見出したであらう、聖断一決、国民は立場と意見の相違を捨てて承詔必慎の実を示した、一君万民の国体こそ、我国を滅亡から防ぎ、民生に安定を与へ、世界の平和に寄与する根源であることを今回の危機に際して吾人は深く悟り得た、
>
> （『読売新聞』一九四五年九月一〇日）

前田は決して戦中期に戦意高揚を声高に叫んでいた国粋主義者ではなかった。彼は新渡戸稲造や内村鑑三の影響を受けてキリスト教に親しみ、後藤新平の下で内務省や東京市の官僚として活躍し、ＩＬＯ（国際労働機関）の日本代表、朝日新聞社論説委員、ニューヨークの日本文化会館館長も務めた国際派であった。このラジオ講話「青年学徒に告ぐ」も、ナポレオン占領下のドイツでのフィヒテの講演「ドイツ国民に告ぐ」を明白に意識していた。

しかも、実はこのラジオ講話で、本当に前田が「文化日本」と「国体」をこれほど強調したのかどうかもはっきりしないのである。というのも、この講演は後に彼の著書『山荘静思』（羽田書店、一九四七年）に収録されるが、そこでは「文化日本」の言葉は使われていない。むしろ、前掲に対応する箇所で彼が書き残したのは、「日本の往く道はただ一つ。武力を持たぬかはりに、文化で行く、教養で行く、ほんたうの道義日本として、世界の進運に寄与する」という発言であった。この発言には、「それには、先づ、謙虚な反省が必要である。今迄の悪かつた点を反省して、国としても、個人としても、人生の再出発をするのである。……その反省の上に、新日本を築いて行かねばならない」という文章が続いていた。

つまり新聞報道では、本人の原稿にあった反省的な文章が省略され、「文化日本」と「国体護持」が強調された可能性がある。だからこれは内閣情報局に代表される旧体制の言論操作、すなわち「国体護持」に向けた戦中期同様のプロパガンダだったのではないか。敗戦と「帝国」の喪失は、そのまま旧体制を一挙に崩壊させたのではない。占領軍による「民主化」政策の介入が本格化する以前は、内閣情報局の情報統制も存続していた。

そのことの有名な傍証は、文相のラジオ講話と同じ九月末のマッカーサー司令官と昭和天皇の会見写真の紙面掲載について、一度は内閣情報局が掲載を禁止しようとしてマッカーサーその人の逆鱗に触れた事件である。占領軍司令部の指示により情報局の「禁止」は解除され、写真は多くの新聞に掲載され、予想通り国民の間に衝撃を生んだ。そしてこの悶着以降、占領軍による内閣情報局解体は確実となり、実際に同年一二月、同局が廃止されたことは周知の通りである。しかし、ここで注目しておきたいのは、一連の「文化国家」「文化日本」の大ブームは、この解体や悶着よりも前、いまだ旧体制の情報統制を社会が受け入れたままになっていた一九四五年八月下旬から始まっていたことである。

つまり、戦後日本の文化国家論は、戦中期からの切断という以上に、戦中期の継続として登場してきたものだった。これを仕掛けたのは、戦中期に戦争遂行に向けて様々な国民教化キャンペーンを仕掛けてきたのと同じ人々であったように思われる。いわば「文化」は、「平和」の代理という以前に、「戦争」の代理として上から与えられたのである。

中村美帆は、この「文化国家」言説が、一九世紀のドイツに由来しており、もともとは「法治国家」と対で用いられていたことに注意を促す。それによれば、一九世紀ドイツでは、「法治国家が促す官僚的なシステムの発展が大学のプログラム整備にまで及ぶ」と、これに対する対抗的な概念として、学問の自治を堅持する立場から、「文化に対する最大限の援助と最大限の自治を国家が確保するという〈文化国家〉概念」が打ち出されていった。やがて、この〈文化国家〉概念は、「芸術、学問及びその教授は自由である。国は、これに保護を与え、その奨励に関与する」（第一四二条）という条文をはじめとするワイマール憲法に結実されていった（小林真理編『文化政策の思想』東京大学出版会、二〇一八年）。

つまり、このドイツ的な「文化国家」では、「文化」概念のなかに大学の学術と芸術全般が含まれており、そうした「文化」の自由と基盤を保障するのが「文化国家」であるという組み立てだった。ところがこの文化国家概念は、一方では第一次大戦後のワイマール期に、反軍国主義的な思想潮流と結びつき、他方で時代がナチズムに向かうなかで全体主義的文化統制へと反転していった。そして、このナチズムで広まった国家的指導を強調する「文化国家」の概念が、戦中期の日本にも盛んに導入されていたのである。

このようなわけだから、一九四五年九月一一日の「文化日本」による国家再建を謳った『読売新聞』でも、内閣情報局担当官の発言が掲載され、「われわれは今日武力に敗れたことによつて気を失ふことなく〝文化日本〟をうちたてることによつてこの屈辱を払ひ拭はなければなるまい……（それには）国民の一人一人が外交官になつた気構へで日進月歩の世界文運をみつめ名実ともに東西文化を融合した〝文化国日本〟をうちたてたい」と語られていた。「武力」による敗戦を「文化」による勝利に転換する論理も、「東西文化の融合」という言い回しも、数年前までの戦争遂行キャンペーンの延長線上にある物言いだった。

社会革命としての「文化国家」建設

こうした一方で、「文化」の「お守り」的使用という点では、敗戦後に急伸した左派の言説も大同小異だった。たとえば、読売新聞社では一九四五年秋から読売争議が発生し、この年の終わりには労働組合側の勝利に終わっている（第一次読売争議）。したがって、やがてこの争議で組合側が敗れ（第二次読売争議）、紙面が右寄りの路線に回帰していくまで、四六年初頭から夏頃までの同紙の論調はかなり左傾化している。読売新聞社史のなかで異色なこの時期に、同紙の社説は繰り返し「文化」について論じていたのである。

たとえば、一九四六年三月三〇日の社説は、「文化を清めよ」と題し、「（戦時中には）ナチやファッショも遠く及ばない野蛮な思想が横行し、学校、研究所、演劇、映画、放送、新聞、雑誌、出版、展覧会、演奏会などありとあらゆる文化と言論の機関を統制して、進歩的な文化人の生活を奪ひ、これを投獄するなど反動の限り」が尽くされたことを忘れてはならないと呼びかけた。この「文化的犯罪の元凶たちの多くは、あるひは戦時中にかき集めた富により、あるひは終戦のドサクサにまぎれて盗んだ金や物資により、今でも安穏な、あるひは豪勢な闇生活をし、陽に陰に反動をもくろ」んでいる。彼らを「根こそぎつまみ出し、文化をすっかり清めない限り、日本の民主主義化とか文化国家の建設とかいくら口をすっぱくしていって」も実現できないと続けていた。この時期、「文化」は、旧体制の維持を目論む保守派にとっても、社会革命を目論む人々にとっても、大きな掛け金だったのだ。

最も左傾化していた頃の『読売新聞』が語る「文化国家」は、社会主義諸国の文化政策観に近いイメージだった。国家が文化の作り手を選別し、十分な予算を与えて勤労大衆に「望ましい」文化を創造させていくのである。同じ頃、同紙社説は、「これまで日本では、戦争を煽るための文化や、支配階級が甘い汁を吸ふために民衆の心や頭をねむらせておくための文化が横行し、雑誌でも、絵本でも、芝居、映画、ラジオなどみんなそのために利用されてゐた。いくら民衆が文化にうゑてゐるといつても、こんな毒薬のやうな文化が横行したのでは、ほんとうにみんなが楽しく、豊かに暮せる民主主義日本はなかなか実現できない。民衆が飢ゑ、求めてゐるのはこんな毒薬文化や一部の文化人や金持だけが楽しめるやうな民衆の生活から浮上つた文化ではない。健康な、ほんとうに民衆の生活を向上させ、豊かにするやうな文化でなければならない」と主張していた（『読売新聞』一九四六年四月六日）。

この主張は、すでに戦前、マルクス主義の影響を受けて大いに盛り上がった民衆文化論の考え方にも近く、権田保之助から大山郁夫までの論者を想起させる。かつての拙著の整理では、「民衆＝労働者のための文化」という類型になる（『都市のドラマトゥルギー』弘文堂、一九八七年）。そして、民衆生活を豊かにする「文化をつくるためには働き手もいるし、金もかかる。紙、印刷機、フイルム、その他いろいろな物資がいる」にもかかわらず、日本では「文化や教育のためにはほんの雀の涙ほどの予算しか計上」してこなかった。そのため、民衆文化どころか「戦争を煽るための文化さへろくなものは出来なかつた」。豊かな文化には予算が必要であり、これは国家によって賄われなければならない。世間には、「勤労大衆の文化はうすぎたないなどといふ悪口をいふものがあるが、労力と金と物資を豊富に使はないで立派な文化ができるはずはない」としていた（『読売新聞』一九四六年四月六日）。

　敗戦後の日本で、この「文化」熱が頂点に達したのは一九四七年である。日本初の社会党政権で首相となった片山哲（かたやまてつ）は、文化国家建設を新生日本の政策的枢軸に掲げた。同年末、片山内閣は日本再建の諸方針を、「経済、文化、社会全般にわたる『文化国家建設計画』」として打ち出そうとしたのである。経済や政治の後に文化が来るのではない。まず文化があり、これに経済や政治が奉仕するのだ。この方針は、いささか社会主義的傾向を帯び、「国営商店の収益による文化、社会施設の拡充」までが計画されていた。当然、経済界もメディアも大反発し、「政治が不透明で、経済政策が行詰つたからといつてその局面打開に文化国家建設計画を策定するなぞということは常識ある国民によく判（わか）らない」とした。そもそも「文化というものそれ自体が政府の考えているほどなま易しいものでもなく、また、経済や政治の混迷の中に建てられるものではなおさらない」（『読売新聞』一九四七年一二月五日）。

　結局、一九四八年初頭までに文化国家建設路線は挫折（ざせつ）していく。その前年夏、新聞には、今必要なのは「文化」よりも「経済」への専心ではないかとの批判が登場していた。

文化国家ということが新生日本の標語化していて、小学生までが文化日本の建設などという言葉をおぼえさせられている。巷(ちまた)では青年団主催の文化講演会などがよく開かれているし、労働組合や農民組合などでも文化部の活動強化が唱えられ、その他なんとか文化連盟、文化なんとか会などというものの続出も枚挙(まいきょ)にいとまがない。……(しかし)文化は産業が発達して国民の生活にある程度の経済的余剰が生じたところでなければ栄えない。だとすれば将来の日本を文化国家たらしめようと思う国民は、文化を唱えることで経済問題や政治問題から目をそらすのではなく、逆に文化に関心が深ければ深いほど、まず第一に破壊されている経済の再建と、それを可能ならしむる政治体制の創出に努力しなければならないのである。

(『読売新聞』一九四七年八月二一日)

この指摘に、正面から反論するのは難しい。廃墟からの復興にはまず経済復興が必要で、これにやがて政治的安定性や文化の振興が伴っていくと考えるのは常識的な発想である。こうして片山内閣は国家公務員法の制定や失業保険の創設などを実現し、炭鉱の国家管理をも目指しながらも少数与党の不安定さから一九四八年に崩壊する。その後の政権は、芦田均(あしだひとし)を経て吉田茂(よしだしげる)に引き継がれていく。これは一般に「逆コース」と呼ばれる過程だが、この

「逆コース」は、単に「反ファシズム」から「反共」への転換というだけでなく、「文化」から「経済」への政治の主軸の大きな転換でもあった。

2　「健康で文化的な最低限度の生活」

文化国家建設と新憲法第二五条

敗戦直後の「文化国家」ブームは、新憲法や教育基本法のような戦後体制の根幹にも深い刻印を与えていた。知られるように、一九四六年一一月三日に公布された日本国憲法第二五条には、「すべて国民は、健康で文化的な最低限度の生活を営む権利を有する」との条文が盛り込まれている。条文全体は、この「健康で文化的な最低限度の生活」を強調した前半部と、「国は、すべての生活部面について、社会福祉、社会保障及び公衆衛生の向上及び増進に努めなければならない」という後半部からなるが、実はこの二つは出自が異なる。後半は、もともとGHQの憲法草案に以下のように書かれていたものである（第二四条）。

In all spheres of life, laws shall be designed for the promotion and extension of social welfare, and of freedom, justice and democracy. Free, universal and compulsory education shall be established. The exploitation of children shall be prohibited. The public health shall be promoted. Social security shall be provided. Standards for working conditions, wages and hours shall be fixed.

〔あらゆる生活の範囲において、法律は社会福祉、自由、正義、そして民主主義の促進と拡張に向けて立案されていかなければならない。自由で、普遍的で、義務としての教育が確立されなければならない。児童の搾取は禁止されなければならない。公衆衛生を改善していかなければならない。社会保障を発展させていかなければならない。労働条件や賃金、労働時間の基準を定めなければならない〕（著者訳）

この草案ですべての国民に保障されなければならないとされているのは、生存権と教育権である。さらに、児童虐待や強制労働の禁止、公衆保健・医療や社会的安全の確保、最低賃金の保障など、国民一人ひとりの生活権を保障する規定がかなり具体的に含まれていた。

この草案がいかなる経緯を経て新憲法になっていくかについては、すでに多数の専門的論議がある。注目すべきは、ＧＨＱ草案には「健康で文化的な最低限度の生活」という第二五条の前半部の中核をなす文言が含まれていないことである。当然ながら、このGHQ草案を受け入れる仕方で一九四六年六月に衆議院に提出された帝国憲法改正案でも、当該の条文は「法律は、すべての生活部面について、社会の福祉、生活の保障及び公衆衛生の向上及び増進のために立案されなければならない」となっていて、「健康で文化的な最低限度の生活」の文言は入っていなかった。それどころか、GHQ草案では具体的に書き込まれていた教育権の保障や児童労働の禁止、最低賃金の保障などの条項が抽象化され、日本語の曖昧さがGHQ草案に込められていた効力を薄めてしまってもいた。

この抽象化＝稀薄化のプロセスは単純ではなかったようだ。尾形健は、そもそもGHQ草案ができ上がる過程でも、民生局内で生存権の規定をどこまで具体的に書き込むかについて対立があったことを指摘している。当時、民生局内のニューディーラーたちは、憲法にはっきり社会改革的モメントを埋め込もうと、社会福祉に関する条項を重視していた（「「社会改革（social revolution）」への翹望」南野森編著『憲法学の世界』日本評論社、二〇一三年）。

この関心は、アメリカ社会の貧富の格差、大恐慌後の貧困層救済に取り組んできた経験を背景とするもので、日本の民主化には何よりも格差是正とすべての国民の社会的生存の安定性が不可欠という考え方に基づいていた。そのため彼らは、労働者の最低賃金、児童労働の禁止、公衆保健や医療に関する項目を「憲法」に書き込むことに熱心だった。

しかし、ニューディーラーが具体的に書き込もうとしていた社会福祉の諸項目は、まずGHQの上層部の裁定で抽象的言辞に置き換わる。さらにこれが日本側の帝国憲法改正案となるなかで、憲法は国家の原則を示すものだから、人々の福祉の具体的項目は個々の法律に委ねればいいという意見もあり、ますます抽象化への圧力が強まっていた。

社会党議員として憲法改正のための小委員会に参加していた森戸辰男が、国民の生存権に関する規定は「やはり具体的に書かれなければならぬ」と強調したのは、そうした抽象化の圧力への抵抗としてであり、理念的にも、政治的にも意味あることだった。法学の専門的解釈論はともかく、大切なのは戦後日本が社会として目指すべき理念だった。それは、新しい憲法体制下で「人間」としての国民の権利を保障することだった。

そして、生存権規定の日本的抽象化＝曖昧化に対抗するかのように、国会審議のなかで新たに挿入されていったのが、「健康で文化的な最低限度の生活」という前半の言明だったのである。つまり、この言明はあくまで日本側の提案によって後から新憲法に挿入された特異な部分であり、その背景にあった思想的水脈が注目に値するのである。

新憲法第二五条と憲法研究会

すでに多くの戦後憲法形成史で論じられてきたように、GHQによる新憲法草案の形成過程に大きな影響を与えたのは、高野岩三郎、森戸辰男、それに鈴木安蔵らを中心とした憲法研究会が一九四五年一二月末に発表した「憲法草案要綱」である。小西豊治は、研究会のなかで唯一の憲法学の専門家だった鈴木安蔵の視点から、この憲法研究会の「草案」がどのように形成され、いかにしてGHQ草案に影響を与えていったかを検証している（『憲法「押しつけ」論の幻』講談社現代新書、二〇〇六年）。

本書の関心からするならば、憲法研究会の草案に、「国民は健康にして文化的水準の生活を営む権利を有す」という規定が書き込まれていたことが重要である。しかし、GHQが日本政府に提示した草案では、憲法第二五条からこの部分が消えていた。したがって、憲法制定が国会審議に移った段階で、憲法研究会の主要メンバーで社会党議員でもあった森戸らの働きかけで、憲法研究会の草案にあった「健康にして文化的水準の生活」に相当する文言が、第二五条に復活させられていったのだろうと考えられる。

森戸らのこの言辞へのこだわりは、何に由来していたのか――。遠藤美奈らは、森戸らの生存権に対する考え方は、ワイマール憲法に由来したという（「「健康で文化的な最低限度の生活」再考」飯島昇蔵、川岸令和編『憲法と政治思想の対話』新評論、二〇〇二年）。しかし、そのワイマール憲法第一五一条一項は、「すべての人に、人たるに値する生存を保障することを目指す正義の諸原則」を謳っており、表立った言辞として「健康で文化的な」生活を語っていたのではない。これに対し、高野や森戸らの草案では、この生存権が、「健康にして文化的水準の生活」という言葉で表現されていた。ここには、「健康で文化的」であることについての一定の観念が差し挟まれていたように見える。思い返せば『読売新聞』が左傾化していた頃の論説でも、「健康な、ほんとうに民衆の生活を向上させ、豊かにするやうな文化」が強調されていた。この記事が出ていたのは、敗戦後の文化論の圧倒的なブームのなかでのことだった。それはまさに憲法研究会が新憲法の草案を考えていたのと同時期であり、彼らもまたこの時代の熱狂に多少なりとも感染していたのかもしれない。

ところが実は、この日本国憲法第二五条の「健康で文化的な最低限度の生活」という言辞における「文化」概念と第一次大戦後のワイマール憲法の関係は、こうした表面上の異同よりもはるかに複雑な問題を内包していた。秋野有紀（あきのゆき）は、ワイマール憲法と第二次大戦後の西ドイツのボン基本法における「文化的生存配慮」をめぐる認識の連続と非連続の絡まりあいを精密に読み解き、ワイマール憲法には後のナチズムにつながる「文化的生存配慮」という考え方が伏在したことを明らかにしている（秋野有紀『文化国家と「文化的生存配慮」』美学出版、二〇一九年）。秋野によれば、もともとナポレオン戦争で敗戦国となったドイツでフィヒテらが「文化国家」を高々と標榜（ひょうぼう）したとき、その先にあったのは、「教育と研究の一致」に要約されるフンボルト原理に基づく大学こそが新しい文化を創造し、堕落した大学知識人や教養市民層を革新していかなければならないという改革意志であった。この点で、第Ⅱ章で論じる南原繁（なんばらしげる）の「文化国家」論には、深いところでフィヒテやフンボルトが標榜した「文化国家を主導する大学」という観念が反響している。フィヒテらがそうであったのと同じように、南原も「文化」を国家の目的として高々と掲げ、それに向けて大学キャンパスから大学出版、生協、そして地域までを連続的なものとして組織しようとしたのである。

秋野によれば、ワイマールの場合、そうしたフィヒテやフンボルトの思想を引き継ぎながら、国法学者のエルンスト・フォルストホフは、「一九世紀以降の急激な人口増加と都市への過剰集中が、人々の生活環境を変質」させ、「産業化する社会において人々はもはや、自らの生活環境を自分だけで管理することはできなくなる」と考えた。ここに、国家には「社会生活基盤の一種として、人々の生存のための需要を満足させられるような「生存配慮」というものが必要であるという理論」が登場する。このいわば福祉国家的な生存権概念がドイツで浮上するのはワイマール期であり、その理論的リーダーであったフォルストホフは、「公（おおやけ）の責任において、すなわち国家による政治的権力の行使によって、市場メカニズムとそこで享受される自由という「混沌（こんとん）としたもの」を排除し、社会的な生産物の配分をしっかりコントロール」すべきだと考えていた（同書）。一九世紀から二〇世紀にかけてのドイツのこの文脈において、「文化」は紛れもなく国民共同体的なものであり、個人の自由を超えて国家が配慮すべきものとされたのである。そして、このような文化への国家的配慮は、ワイマール期にはどちらかというと左翼的ニュアンスを帯びていたとしても、やがてそれが裏返るような仕方で、ナチスの文化理論へと連続的に展開していったのだ。

だから第二次大戦後の西ドイツの問いは、このようなナチスに至る文化概念と訣別しつつ、なお人々の生存権をいかに保障していくかという点にあった。そのため、戦後西ドイツの基本法は、人間の生存権を「人間の尊厳」として正面に掲げつつ、そこから「文化」の観念を慎重に排除してきた。だが、そこで慎重に「文化」が前面化することを避けたのは、逆にドイツ社会に文化的生存配慮が根深く潜在し、それを「個人主義でも集団主義でもない、共同体のことも考える個人像」として追求してきたからだとも言えるのである。

そのことは、やがて東西ドイツ統一後、二〇〇〇年代に入って憲法上の生存配慮の規定に「精神的な実存」への言及が欠けていることが問題とされ、「文化的生存配慮」をより明示的に規定していくようになったことでも証明される。第二次大戦後、過去への深い反省から、生存権の憲法的規定のなかにあえて「文化」を入れなかった西ドイツと、そのような過去への反省云々というよりも、過去への固執とそれへの強い反撥という両面が絡まり合うような仕方で、憲法の生存権規定のなかに「文化的」の言辞が挿入されていった日本。しかし日本ではその後、そこでの「文化」が何を意味するのかが探求され続けることはなかった。日本人はやがて、そうした問題意識そのものを忘却していくのである。

高野岩三郎・森戸辰男と「文化的」なるもの

それでもなお、「健康で文化的な最低限度の生活」というフレーズは、「健康」「文化的」「最低限度」というインパクトの強い三つの語を一点に収斂させており、人々の想像力を喚起するポテンシャルの高い言明だった。そのためか、日常意識のなかの「日本国憲法」という視点でいうならば、第九条の戦争放棄と同じくらい、これは人々によく知られたなじみ深いフレーズとなる。しかも第九条の場合、「武力による威嚇又は武力の行使は、国際紛争を解決する手段としては、永久にこれを放棄する」と明言されているにもかかわらず、この条項の内実はすでに守られなくなっているのが実態だから、戦争放棄＝平和主義は条文の言明というよりも観念（シニフィエ）として人々の間に浸透してきた。

これに対し、「健康で文化的な最低限度の生活」は、生存権の観念というよりも、まさにこの言辞自体が印象深いフレーズとして受けとめられてきたのだ。つまり、こちらは言辞そのもの（シニフィアン）としての言い回しが浸透してきたのであり、その意味するところの解釈は多様なところに、社会学的な意味でのこの条文の面白さがある。

この言辞が人々の想像力を喚起し続けるのは、一般には対極的と見なされがちな「文化的」と「最低限度」という二つの言葉を一体化させているからである。「最低限度の生活」とは、経済的に最低限度の生活という意味になろう。そのような最低限度の生活がなお「文化的」であるとはどういうことか。そこにおける「文化」とはいかなる文化か。重要なのは、ここでは「文化」が、単なる修飾語ではないことだ。経済的に最低限度の生活においてなお享受される「文化」が存在するという確信が、この条文を「健康な最低限度の生活」とするのではなく、あえて「健康で文化的な最低限度の生活」とさせたのである。

そして、この言辞が条文に追加される際に大きな役割を果たした森戸辰男も、また彼の背後で流れを導いていた高野岩三郎も、当時から最低限度の生活がなお文化的でなければならず、そのような「文化」が確実に存在するという確信を持っていたと考えられる。そもそも高野は、東京の労働者居住区に対して行われた日本初の本格的な社会調査であった「月島調査」を主導した経済学者である。この調査には、若き権田保之助らが参加し、その経験がやがて権田を浅草の活動写真館の観客についての民衆娯楽研究へと導いた。

かつて拙著『都市のドラマトゥルギー』で詳論したように、大正期、最も輝いていた頃の権田は、浅草に蝟集する民衆には教養層とは異なる「生活創造の根底」としての娯楽＝文化が生きられていると確信していた。権田のこの認識の根底には高野の労働者階級文化への視座があり、それは広くは一九世紀半ば以降のイギリスでの労働者調査から初期カルチュラル・スタディーズまでの流れと並行するものだった。

そして森戸は、森戸事件で東京帝国大学を辞職しなければならなくなった後、彼の師であった高野とともに大原社会問題研究所において日本の労働者階級の生活についての詳細な調査を重ねてきていた。だから高野や森戸が新憲法の草案を構想していったとき、彼らには鈴木安蔵のような憲法学の専門的知識はなかったかもしれないが、日本の労働者階級の生活と文化的ポテンシャルについての豊富な実証的知見があったはずなのだ。ある意味で、日本国憲法第二五条は、戦前からの労働運動や労働者階級についての生活文化調査の水脈、そこでの「文化」概念の革新にラディカルな仕方でつながっていたのである。

つまり、戦中期の文化主義が、大衆よりも知識人に信奉され、時には国家に向けて日常を動員していくプロパガンダ的記号であったのに対し、戦後の「文化」は、そのようなプロパガンダ性を引き継ぎながらも、国とメディア、大衆の間に一気に流布し、一時は熱烈に受容されてもいく複雑なイメージを内包していた。そこにはもちろん、戦中期からの継続があったのだが、同時に大正期に勃興（ぼっこう）した民衆娯楽論や文化論、とりわけ労働者階級の文化創造を凝視した思想の流れも入り込んでいた。月島調査から大原社会問題研究所へ、そして憲法研究会による新憲法草案の策定と国会での憲法第二五条の修正という流れをリードした高野岩三郎と森戸辰男ら経済学者たちの実践は、そうした流れを代表するものであり、彼らは資本主義社会のなかでの労働運動と貧困問題への対応についての世界的潮流を視野に収めていた。憲法第二五条のなかに復活した「健康で文化的な最低限度の生活」のなかの「文化的」の言辞には、国家主義から労働運動までの複雑な知的潮流が重層していたのである。

それでもなお、この条文で語られる「文化」が、一九四六年一一月三日の新憲法公布に際して発せられた天皇の勅語、すなわち「朕(ちん)は、国民と共に、全力をあげ、相携へて、この憲法を正しく運用し、節度と責任を重んじ、自由と平和とを愛する文化国家を建設する」という際の「文化」でもあったことをここで確認しておきたい。憲法第二五条が語る「健康で文化的な最低限度の生活」の「文化」と、勅語が語った「自由と平和とを愛する文化国家」の「文化」は、果たして同じものなのか？ その重なりとずれはどこにあったのか？

新憲法だけではない。日本国憲法に続いて一九四七年三月に制定された教育基本法でも、「われらは、さきに、日本国憲法を確定し、民主的で文化的な国家を建設して、世界の平和と人類の福祉に貢献しようとする決意を示した」ことが前文に書き込まれ、第二条では、教育の目的を達成するため「学問の自由を尊重し、実際生活に即し、自発的精神を養い、自他の敬愛と協力によって、文化の創造と発展に貢献する」とされていた。

つまり、憲法や教育基本法といった戦後日本の根幹をなす法体系には、「文化的な最低限度の生活」「文化国家の建設」「文化の創造と発展」といった文言が並んでいる。これらの

「文化」の内実とは何だったのか？　「文化」とは、新たな国家建設の目標なのか、それとも「最低限度の生活」にすら発見されるべき価値なのか？――おそらくその答えは、一つには収斂しない。一方には戦前期からの「軍事国家」の代替としての「文化国家」があり、他方では「最低限度の生活」をあえて「文化的」と呼ぶことで標榜される労働者文化への注目があった。二つの関心は衝突し、交錯し、結びついてもいた。敗戦後の時代意識のなかで、「文化的」という言辞が背負い得ていたこの両義性こそが、重要なのである。

3　文部省を廃し、文化省を設置する

文化国家建設の支柱としての文化省設置

とはいえ、「文化」は法律に書き込まれただけでは実効性を持たない。法的位置づけが意味を持つのは、それが具体的な行政組織や予算措置の基盤となっていくからである。

こうして「文化庁」の設置が構想されたのは、まさしくこの文化国家論の流れのなかでのことだった。政府は一九四六年一〇月七日、「文化国家建設の強力な中枢機関として、政府内に文化建設本部を、文部省に文化局を設置する」構想を発表する。当時の田中耕太郎文相

は、「いままでの学校行政一本から新憲法発布後の国民全体の教育行政へと飛躍する」と語り、文化政策を独立した組織（文化局）に担わせていくとの考えを示した。そしてこの新設される文化局は、「国宝保存とか美術展についてはもとより、いままで放任された映画、演劇についても目をかけ、文楽の保護、国立劇場の設定を図るとか、和洋音楽の振興、低いレベルにある図書館の育成をはかり、進んでは従来色々の事情で所管外だった国際文化事業をも取入れて」、日本の文化政策の中枢をなす機関に発展させるとされた。

当時、時代はこの流れをさらに先まで進めようとしていた。文部省に「文化局」を置く計画が出たのは一九四六年秋だが、四七年末頃には「文化省」設置の構想も持ち上がっていた。これを先導したのは教育刷新委員会で、一九四六年、六・三・三・四制への移行を含む戦後日本の教育体制の根幹を方向づけていくアメリカからの教育使節団に対応して、日本側に設置された組織である。委員長は安倍能成、副委員長は南原繁であった。安倍は、第一高等学校校長から貴族院議員、前田多門の後任として幣原喜重郎内閣の文部大臣となった後、同委員会委員長として教育基本法等の制定などに深く関与した。他方、東大総長として安倍と連携して戦後の高等教育の再編をリードしたのが南原で、「文化省」設置構想はこの安倍－南原ラインから出てきていたものだった。

この構想について報道した一九四七年一二月二七日の『朝日新聞』によれば、「今年最後の教育刷新委員会総会が二十六日開かれ、大学の地方移譲は時期が未だ早いと否定、また文化省の新設を次の通り提唱した、文化省は教育文化一般に関することを管掌し、文部省はこれに合併、同時に文化省の中に中央教育委員会を置いて十五名の委員を任命、文化大臣の強力な審議機関とする」ことを提唱したという。文部省を文化省に改組することで、一方で、それまであまりに中央集権的だった教育行政に修正を加え、他方では、学校教育中心主義から社会教育や文化芸術振興までの幅広い分野への転換が目論まれていたのである。

しかも当時、文化省設置構想はこの教育刷新委員会からの提案だけでなく、内閣の行政機構改革の一環としても提案されていたようだ。翌四八年一月二〇日の『朝日新聞』社説によれば、文部省自体も、一連の「動きを早くもとらえて、独自の改組案を練つている。そして文部省を文化省に改組しようという点では、大体軌を一にしている」とされていた。つまり、GHQの影響力を背景にした一連の動きや、同時代人の「文化国家」への熱中からすれば、新時代の象徴として「文化省」が誕生していても不思議ではなかったのである。

当時、文部省を文化省に改組すべきだとされていた理由は、基本的には内務省解体と同じ論理であった。つまり、「終戦前までの中央集権的な教育行政が、同じく中央集権的な警察行政と相ともなつて、国家主義的な教学の樹立につとめた」と見なされ、そうした「学校＝警察」型社会の抜本的改革が必要とされたのだ。そのため、「警察行政が地方自治体に委譲されたように、文部行政が大幅に地方に委譲さるべき」であり、これまでの「全国画一主義の教育政策を排し」、教育行政の徹底した地方分権化が推し進められなければならない。こうしてやがて各地方には教育委員会が設置され、各地で教育上の決定の中核を担うことになる。他方、「今までの文部行政が、あまりに学校教育行政中心主義であった傾向が反省され」、学校教育以外の社会教育や科学的啓蒙(けいもう)、そして文化政策に文部省の主軸を移していくことが望まれる（『朝日新聞』一九四八年一月二〇日）。教育行政が地方委譲されれば、身軽になった文部省に新たなミッションを与えることができるはずだった。

しかし、ここで提案された一連の組織改革のなかで、文化省設置は実現しない。「中央教育委員会」は、各地方の教育委員会と並び、一九五二年に「中央教育審議会」として設置され、今日でも国の教育政策の指針を策定している。しかし、「文化省」のほうは、実現しないまま月日が過ぎ、やがて文部省は一九九〇年代の省庁再編のなかで「科学技術庁」と合併して「文部科学省」となったが、「文化」はいつの間にか周縁化され、今日でも「文化庁」は存在するものの、決して当初、構想されたような組織には成長していない。

たしかにその後も、文化省設置は何度となく提案され続ける。この動きが再び活潑(かっぱつ)化するのは一九九〇年代以降だが、その基本的な発想は、文部省（現文部科学省）の文化省への改組ではなく、文部省の外局である文化庁の「省」への格上げであった。だが、九〇年代はむしろ複数省庁が統合される方向での省庁再編が進んだ時代であるから、そのなかで「文化」だけを独立の省として新たに設置するのは時代に逆行する面がなくもなかった。

たとえば一九九四年、村山富市政権の時代に「文化立国・文化省設立を推進する会」が設立され、国会内の超党派の音楽議員連盟と連携して、「文化・芸術活動の妨げになっている様々な規制の緩和」や諸外国に比べて「けた違いに少ない文化予算の量的拡大」などを標榜して文化省設立を働きかけた（『朝日新聞』一九九四年一一月二四日）。この動きが目指したのは、日本の「芸術創作活動等の発展」で、敗戦後の構想からは後退していた。

同様の動きが再び起こってくるのは民主党政権時代で、二〇一〇年六月、文化審議会は報告で「文化省創設」を国に提案した。この動きを推進したのは、同審議会文化政策部会の部会長だった宮田亮平東京藝術大学学長（当時、前文化庁長官）と内閣官房参与（当時）をしていた劇作家の平田オリザらであった。宮田や平田に主導されたこの報告書は、文化芸術団体への助成制度の抜本的見直しや、「日本版アーツカウンシル」導入などを明確に打ち出した革新的なものだった（『朝日新聞』二〇一〇年六月五日）。しかし、文化政策の力点が広義の文化よりもなお舞台芸術にある点では、一九九四年以来の方向を引き継いでいた。

同様の問題意識は安倍晋三政権になっても引き継がれており、超党派の議員連盟と芸術団体からなる「文化芸術推進フォーラム」が、文化庁の「省」への昇格を提言している。そして国会でも、文化庁の京都移転に関する法改正のなかで、「『文化省』創設を見据えた検討」をすることが付帯決議された（『朝日新聞』二〇一八年一二月二八日）。

つまり、一九九〇年代から今日に至るまで、「文化省」創設は少なくとも三度、国会の議員連盟や政府審議会から提案されている。それにもかかわらず、「文化省」は戦後七〇年以上を経ても実現してはいない。一つには、九〇年代以降の文化省構想の中核が、主に舞台芸術関係者に偏ってきたことも背景にあるかもしれない。戦後日本の文化政策のなかで、最も不利益を被ってきたのは、まさに演劇・音楽を中心とした舞台芸術関係者だったから、彼らが文化政策の抜本的な改善を必要とするのは当然である。しかし、「文化」の概念は、もっとはるかに広く、スポーツやツーリズム、コミュニケーションも包摂している。国際的な視野からこの問題を考えるのであれば、全般的な国家の方向性そのものの革新として、文化省創設は構想されるべきなのではないか。「文化庁」を「文化省」とするよりも、はるかに大きな国家政策の方向転換のなかに「文化」は位置づけ直されるべきである。

もし、一九九〇年代からの文化省構想が、文化庁の「省」への格上げではなく、文部科学省の文化省への名称変更を主張していたら、果たして実現可能性はあったであろうか。現実的には、この点でもあまり芳しい答えを引き出せそうにない。しかし実は、英語名称では文科省はすでに戦前からの連続性を捨てている。現在、「文部科学省」の英語名称は、

「Ministry of Education, Culture, Sports, Science and Technology」である。すでに要素が「てんこ盛り」だが、これにもしも現在は国交省所管の「観光」や、総務省所管の「コミュニケーション」も加えれば、「教育」「文化」「スポーツ」「科学」「技術」「観光」「コミュニケーション」の七つの機能が相互に深く結びついていくことに気づく。

そして、これらの諸要素全体をカバーする概念は、やはり「文化」なのだ。この「文化」は、現在の文化庁が管轄する狭い「文化財・芸術文化」ではなく、日々のコミュニケーションや学びから科学技術、ツーリズム、スポーツまでを包摂する本来的な意味での「文化」である。つまり、近年の「文化省」構想は、率直に言えば範囲を絞り込みすぎており、志が低すぎるのではないか。本来は、一九四〇年代に「文化省」が構想されていた時点にまで戻り、文科省全体の文化省への転換を標榜すべきなのではないか。

空洞化する「文化国家／文化革命」

一九四〇年代末に構想されていたのは文化省設置だけではない。すでに述べたように、政府は「文化国家建設」を国の政策の中核に据えていた。その極めつけは、一九四八年冒頭に片山哲首相が打ち出した「文化国家建設計画」であった。しかし、この計画は不評で、新聞も「政治が不透明で、経済政策が行詰つたからといつてその局面打開に文化国家建設計画を策定するなぞということは常識ある国民によく判らない」と批判していた。そもそも戦後日本のメディアや知識人は、国が「文化」に関与することに否定的であった。「国はもうこれ以上、余計なことをしてくれるな」という姿勢である。片山政権の「文化国家」構想への批判と同じ頃、「文化建設は現在の日本に見られるような粗雑な政治家や官僚の頭で達成されるはずがない。文化が文化人の手でしか出来上らないことは世界の歴史が証明している。文芸美術でも科学でも個人の強い個性と天賦の才と自由な人間の努力でのみ達成されるものである」（『読売新聞』一九四七年九月一二日）との批判もあった。

だから、前述の「文化局」構想も不評で、学者や作家から、「文化上の問題は自発的な民間団体にまかせて、国家は直接タッチしない方が良い……文化国家といふことを一方的に規定しようとする意図にはどこか時代錯誤」（蠟山政道）との批判や、「（国は）芸術の保存所を自負するやうになれば上々でそれを踏み出すと間違ひがおきてくる」（大佛次郎）といった発言が相次いでいた（『読売新聞』一九四六年一〇月七日）。

しかし、一方で「軍事国家」から「文化国家」への転換を主張しながら、他方で国はできるだけ「文化」に関与すべきではないとするならば、そこで標榜される「文化国家」は、いったい何によって支えられるべきだというのだろうか。もちろん国が経済的に豊かならば、地域的な基盤や産業界からのメセナ的な寄付で文化の振興が可能な場合もあろう。しかし、敗戦後の日本は、まったくそのような状況にはなかった。社会的基盤が破壊され、産業もまだ復興していない状態で、文化国家を目指してみたが、国はこれにできるだけ関与すべきでないとされた。矛盾だらけの論議のなかで、一連の文化国家論は、将来に向けた具体的な成果をほとんど生むことなくやがて忘れられていかざるを得なかった。

　敗戦後、「文化」がにわかに持ち上げられ、「文化国家」が濫用されていくなかで空虚な記号と化していった顚末を、それから約一〇年後、田中美知太郎はこう回顧している。

> 戦争直後は、いわゆる文化国家が、それまでの軍国主義との対照で特別に強調されたりしたので、各種の文化運動と共に、文化という名目が氾濫状態になったと言うこともできるだろう。文化の日というような名称が、特に祭日の名前として選ばれたのにも、そのような時勢が反映しているとも見られるだろう。しかし濫用は、すべてを無意味にする傾向があるので、今日では文化の日も、特別な意味をもたず、空虚な休日となりつつあるのではないだろうか。
>
> 　正直のことを言うと、わたしは文化国家とか、文化運動とか、文化祭とか、いろいろ文化の名をつけて言われているものには、あまり興味をもつことができない。国家はただの国家でたくさんなのであって、特別な形容詞をつけた国家などになる必要はないよ

うな気がする。ごてごてと空しいかざりをつけた文化生活よりも、普通の生活を充実させるだけでたくさんだとも思う。

（「文化国家と文化人」『読売新聞』一九五八年一一月三日夕刊）

だが、あえて繰り返そう。文化への国家の関与をそもそも認めないなら、文化の経済的、制度的な基盤の形成はいかに可能なのだろうか。一部の人々の思い込みに反し、文化のすべてが文化産業に吸収されることはない。つまり、一部の商業化した文化領域を除くなら、市場経済のなかで自立できない貴重な文化領域が幅広く存在する。それらの文化は公的な基盤を失うならば必ず劣化するか消滅する。多様な文化が持続可能＝サスティナブルであるためには、生物多様性にも似て何らかの公的な基盤が本当は不可欠なのだ。

ところが戦後日本の知識人たちは、文化を国家から切り離すことにことさら熱心だった。「文化」も「学問」も、国家とは切り離されたところで自由に自立できると思い込んでいたのではないか。そのためか、敗戦直後、一度は諸方面で構想されていた「文化省」設立も、何ら世論的な支持を受けることなく、やがて忘れられていったのである。

「文化復興」から「経済・技術復興」への旋回

そうした一方で、国家の側からするならば、敗戦後の日本が「軍事」との結びつきを断ちつつ復興していくために、「文化」は唯一の解ではなかった。「文化」など捨て去ってしまっても、実は戦後復興は可能であり、事実はそのように進んだのだ。「文化」とは異なるもう一つの解とは、もちろん「経済」や「技術」による復興である。つまり、敗戦直後は「軍事↓文化」の軸で考えられていた新生日本は、やがて「軍事↓経済・技術」の軸で考えられるようになり、「文化」は「経済」や「技術」の脇に置かれていくのである。

日本が経済復興に向かう一九五〇年代以降、前述した「文化」をめぐる認識の捩れは、戦前からの文化主義との関係においても、労働者文化論との関係においても内実を空洞化させていく。その先で生じていったのは、文化のなし崩し的な商品化であり、同時に経済的な価値が文化的価値を圧倒していく過程だった。すでに一九五二年、そうした社会意識の変化を感じ取った亀井勝一郎(かめいかついちろう)は、「文化国家の行方」と題する短文を書いていた。

> 敗戦直後、日本は文化国家として再生することを表明した。その概念がはなはだおそまつなものであったにしても、戦争放棄による永遠の平和国家という理想主義が気持のなかに宿っていたはずである。それが真に強烈な信念となるか、あるいは敗残者の悲しきおもちゃとして終るか。……私は日比谷街頭に立って、最近完成した大ビルをながめ

てみたが、あの色彩は、ちょうど栄養失調の人間の皮膚の色と同様である。やたらに風船玉などあげていたが、日本新文化のこれは象徴であるか。そのうち日本美の再認識なども称して、そのてっぺんあたりに日本式のあずまやなどつくり、スキヤキをやり、まことに日本的でワンダフルな牛を食う仕掛になるのだと思う。……つまり東京の風俗や風景がこの一、二年ほどで、急速に植民地化したことに留意されたい。それと政治上の危険と別ものでないことに注目されたいのである。

こういう状態になると、その反作用として日本の伝統、日本美の再発見といったことがまた問題になろう。

（『朝日新聞』一九五二年四月二八日）

亀井はここで、理想としての「文化」を希求することの断念が、やがてスタイルとしての「文化」の氾濫と皮相なジャポニスムをもたらしていく逆説に注意を促している。国家論的なものであれ階級論的なものであれ、一九四〇年代の日本社会は「文化」を戦後日本の理想として希求した。しかし、遅くとも五〇年代半ばまでには、人々は「文化」よりも「経済」を優先し、「文化」は「経済」の「お飾り」と見なされていく。朝鮮半島で勃発した戦争は、対岸の日本で特需ブームを生み、人々は戦争を猛省して文化に向かうよりも、自国の外部で起きる戦争で経済が発展していくことに夢中になった。

やがて敗戦から二〇年以上が過ぎ、すでに高度経済成長を経た頃、一一月三日の「文化の日」を迎えるにあたり、次のような投書が皮肉をこめてなされていた。

〝文化国家〟ということばは、戦後のわが国に高く掲げられた理想であった。それは〝警察国家〟や〝軍国主義〟との対比によって考えられたものなのであろう。

その〝文化国家〟ということが、このごろあまりいわれなくなった。もはや過去のことばとなったというのであろうか。たしかに、景気のよいことばではない。「経済成長」などは量的に示すことができ、説得には都合がよいが、文化のことは、その効率をすぐ目の前に示すことがむずかしい。ハイウエーへの投資は教育へのそれと違って、その成果を万人がその目で見ることができる。

文化の育成はまわりくどいといわれる。多忙なエコノミック・アニマルにとっては芸術は非生産的な閑人の遊びごとと見られがちである。この立場からすれば〝文化の日〟ではなくて〝物貨の日〟こそ大切ということになろう。

（『読売新聞』一九七〇年一〇月三一日）

一九五〇年代半ばを境に、日本人の関心は「文化」から「経済」へと旋回する。人々は、

「軍事＝戦争」を意識の外に排除しつつ、「文化」で世界と対するのではなく、「経済」で世界と対していけばいいと思うようになった。実際、多くの日本人にとって、この「経済」への転換のほうが、「文化」への転換よりもずっとわかりやすかった。「文化」は、一般の人々には抽象的な観念にすぎなかったが、「経済」は実利に直結していた。だからこそ、それから数十年、戦後日本人は「経済」に邁進し、「技術」を信奉したのだ。

やがて一九九〇年代、今更ながらに「文化」も経済政策として有益と思い始めた日本政府は、「クール・ジャパン」を前面に出した対外経済振興政策に向かうが、小手先細工もいいところであった。最初に掛け違えたボタンはなかなか直らない。だが、振り返るならば敗戦後、日本社会は経済復興と同じくらいに、時にはそれ以上に文化復興に熱中していたのである。この文化への情熱は、その後のこの国の人々がすっかり失っていった情熱だった。

第Ⅱ章

文化首都・東京を構想する
――南原繁と文教都心構想

東京帝国大学文教地区計画委員会による本郷文教地区計画図．出所：『建築年鑑　1960年版』．

1　上野・本郷・湯島・小石川を日本のオックスフォードに！

南原繁の「新日本文化の創造」

東京帝国大学最後の総長となった南原繁は、一九四六年二月一一日、戦前からの「紀元節」式典をあえて挙行し、そこで「新日本文化の創造」と題した式辞を述べた。南原がそこで主張したのは、キリスト教の宗教改革運動にも似た日本人の精神的革命である。彼は冒頭、敗戦の現実と焦土の風景を前に「日本国民は原初以来いかなる国民であったか、また本来いかなる特質の国民であり、そして将来いかなる国民たらんとするか」について話すと宣言する。日本人は、「未曾有（みぞう）の完全な敗北と降伏の事実に逢着（ほうちゃく）して、わが国民はにわかに自己に対する尊敬と自信を完全に喪失」している。敗戦とともに誇大妄想的な選民思想や国家至上主義は退場したが、その空白に功利主義と唯物論的無神論が一気に勢力を広げている。

しかし、南原の考えでは、日本という国の未来は、想像の共同体としての国民の神話的・宗教的起源から離れて考えることができない。そうした意味で、南原は徹底したナショナリストだったのだが、このナショナリズムは、国家の観念や目的を上から示し、それに国民を従わせるようなものであってはならないとされた。南原の考えでは、まさにここに近代日本の決定的な欠陥があったのであり、「おしなべてわが国民には熾烈な民族意識はあったが、おのおのが一個独立の人間としての人間意識の確立と人間性の発展がなかった」。すなわち、「人間個人は国家的普遍と固有の国体観念の枠にはめられ、なかんずく、個人良心の権利と自己判断の自由が著しく拘束を受け、生々の人間性の発展はなされなかった」。

これは、日本の近代化に内在する欠陥で、そこでは「一切の営みは挙げて国家権力の確立と膨脹に向けられ、文化は国家のために手段視され」てきた。この欠陥を克服するには、「わが国の歴史は過去において在るのでなく、まさに将来において在り、新たに自らこれを創造しなければならない」という考え方に立つことが必要である。今、なされねばならないのは、「日本精神そのものの革命、新たな国民精神の創造――それによるわが国民の性格転換であり、政治社会制度の変革にもまさって、内的な知的＝宗教的なる精神革命」である（南原繁『文化と国家』東京大学出版会、一九五七年）。

実際、南原は翌年の紀元節式典の講演でも、「「自由」は政治社会的概念であるよりも、むしろ精神的宗教的起源をもったものである。したがって真の自由は、自由主義思想におけるごとき、真理や正義に対して懐疑や無関心の消極的意義に解せられてはならない。その本質において、真理と正義、さらには神的永遠的なものと結びつくときに、初めて積極的創造的な力となり得る」と述べていた（「民族の再生」、同書）。つまり、戦中期の「誇大妄想的な選民思想や国家至上主義」からの自由は、脱宗教化によってではなく、より高度な普遍的宗教価値への信頼によってこそ実現するとの主張であった。ここで南原がまず念頭に置いていたのは、もちろんキリスト教的な神の観念であったろうが、それ以上に彼は、普遍的な価値に向けて自己を解放することが、過去の日本に決定的に欠けていたと論じたのである。

文化復興のモデルとしてのオックスフォード・ムーブメント

南原は一九四六年二月の式辞で、敗戦国日本における文化復興のモデルとして、一九世紀英国のオックスフォード・ムーブメントを名指していた。彼によれば、この宗教的知識運動は「当時イギリスの功利主義社会思潮とその無神論的傾向にあき足らず、理性と信仰に拠って立つ理想主義的精神を高くかかげて、英国思想界並びに政治界に向って挑戦し、その後の社会運動に重要なる影響を与えた」。南原がこの運動を戦後日本の文化復興のモデルとしたのは、それが戦中期の国家至上主義的な排外主義と異なるばかりでなく、戦後、ますます広がりつつあった功利主義や唯物論的無神論にも反対する精神主義を機軸としたからである。南原は式典に集った学生たちに、彼らが理想主義精神を先導し、「諸君の投ずる焔がさらに国民大衆、ついには全国民の間に燃え拡がる」ことを求めたのだ（同書）。

目を英国に転じれば、このオックスフォード・ムーブメントの中心にいたのは、神学者ジョン・ヘンリー・ニューマンである。南原の式辞から約一世紀遡る一八五二年から五八年にかけて、彼が行った連続講演をまとめた『大学の理念』は、大学の危機を憂える議論が繰り返し論及する古典となった。その議論のポイントは、リベラルな知はそれ自体が目的で、何らかの外的目的のためのものではないとの主張であった。アリストテレスまで立ち返りながら彼が示したのは、「リベラル」の反対語は「奴隷的」であること、つまりここで問われているのが、ある行為が他者に従属しているのか、それ自体で充足しているのかの違いだという点であった。リベラルな知とは、「それ自体の要求に基づき、結果に左右されず、補足を一切期待せず、いかなる目的によっても（いわば）鼓吹されず、技術に吸収されるのを拒む」ものであるとニューマンは言う。

彼はさらに、リベラルな知は、手段的有用性、つまり「役に立つこと」のみならず宗教的権威にも従属しないと明言していく。「知識に徳とか宗教という重荷を負わせることは、機械的な技術を背負わせるのと同様、明らかな誤まり」で、知と徳、良識と良心は別物なのだ

（ピーター・ミルワード編『大学で何を学ぶか』田中秀人訳、大修館書店、一九八三年）。

猪木武徳（いのきたけのり）は、ニューマンの大学論には、「有用な知」がますます支配的になっていく時代に対する「リベラルな知」の復権の主張、「学問の自由が、単に個人の好奇心を充たす権利の擁護としてではなく、社会全体が自由かつ適切な判断を生み出すために必要」であり、それには何よりも「リベラル＝悦楽に資する（それ自体で即自的に価値を有する）」知こそ根幹なのだという考えがあったと指摘している（『大学の反省』NTT出版、二〇〇九年）。

南原が支持したのは、そのようなニューマンが、スコットランド由来の功利主義を最大の敵と考えていたその姿勢である。この功利主義は、経済や政治の分野の「自由主義」と結びついており、そうした立場からの伝統的アカデミズムに対する批判の先鞭（せんべん）は、一九世紀初頭に発行を伸ばした『エジンバラ・レビュー』のオックスフォード大学批判によってつけられた。彼らが批判したのは、同大学の教育の根幹をなしていた古典教育で、ギリシア語やラテン語から出発して古典を読むというスタイルは、大学の根幹が知的洗練よりも財務基盤の確からしさに置かれるようになった時代にはもう通用しないとされたのである。

オックスフォード大学は、科学の発展やヨーロッパ大陸での哲学や文学の動向に鈍感で、その教育は学生の同調性や視野狭窄（しやきょうさく）、偏狭主義を助長している。これに対し、スコットランドの大学はより開放的で、多様で、民主的で、現代に役に立つ知を目指している。そのためオックスフォードが重視する教養教育よりも、研究と職業教育に力点を置いていた。

まるで二一世紀初頭の話のようだが、こうした論議が英国でなされたのは、今から二〇〇年前である。一九世紀の英国で、古典重視のオックスフォード大学やケンブリッジ大学に対し、より実用重視のスコットランドの大学の対照は明瞭で、だからこそ伊藤博文ら明治政府の首脳たちは、それらの実用重視の教育体制を明治日本に導入し、近代日本の工学教育の根幹を形作ろうとしたのである。そして、その後に実用重視の日本近代化を一貫してリードしたのが帝国大学であり、まさにその帝大全体の頂点にいた東京帝国大学で、敗戦と廃墟化した国土を前にその総長の任にあったのが南原だった。

つまり、オックスフォード運動が批判した功利主義が極東で増殖していった、その中心にあった帝国大学が終わるとき、総長南原は、一世紀以上前になされた功利主義批判の重要性にあらためて注目したのである。だからそれは、帝大総長による帝大批判とも言えた。

「キャンパス」から都市のなかの「学寮」へ

南原繁は、敗戦国日本の文化復興を、大学こそが先導すべきだと考えていた。しかしその文化復興にとって最も大きな障害となるのが、自由主義的功利主義であることも予見していた。一九世紀初頭にオックスフォード・ムーブメントが対峙していたのはスコットランドの功利主義だったが、二〇世紀半ばに南原が対峙していたのは、アメリカの自由主義的功利主義である。旧制高校を廃止することでは占領軍と手を結びながらも、南原はアメリカ流の功利主義が戦後の大学や都市、そして日本社会のあり方をすっかり変えてしまうことに警戒的だった。だから敗戦国日本の文化復興は、アメリカ流の物質文化の導入とも、ソビエト流の共産主義文化の導入とも違う仕方でなされなければならないと考えていた。そして、そのような第三の道をリードする役割を、大学こそが担うべきだとも考えていた。

彼は、一九四六年四月の大学創立記念日の講演（「大学の理念」）で、「祖国の再建と新しい文化国家の建設は学問と教育のほかにはなく、そして大学はまさにその主導的地位にある」と述べている。だが、大学が「文化国家」建設を主導する役割を果たすためには、戦中期までの大学のありようを自ら変革するのでなければならない。本来、大学人は「社会の現実から多くの真理を発見しなければならぬとともに、またそのなかにおいてこそ真理は確立されねばならぬ」ことを知っている。つまり、大学という主体にとって、「生ける社会の現実生活とわれわれの攻究する基礎的原理との結合融和は、不断の努力の目標」なのである。

とりわけ敗戦後の日本で大学は、「国民大衆生活の上に目を向け、直接に国民的基礎に立ちつつ、永遠の理念や高き精神的価値に結びつけたところの民衆文化の完成」を支援していかなければならない。さらに南原は、東京帝国大学は、「われわれに関する特典として見えるものは自ら放棄するの用意があり、あるいは進んで他を高め、他とともにこれを享受することが必要である」と、自らの足元に向けても反省を求めていた。

南原は、このような大学の社会的使命を達成するには、学生や教師が街のなかで生活すること、大学をキャンパスの壁の内側だけに閉じ込めるのではなく、新しい「学寮生活」の場を、都市のなかで営むことが必要だと考えていた。彼は、ここでも再びオックスフォードやケンブリッジを未来の大学のモデルとして示し、「ひとり思想においてのみならず、それと生活との統一が維持」される新しい大学と都市の関係を構想している。

> オックスフォードやケンブリッジにおける学寮生活が大学全体に統合せられ、教授もともに居住し、礼儀・道徳・宗教をも含めて、ここをイギリス「紳士」の教育の場として来たことは、英国大学の強味を示すものといわねばならない。かようないわゆる「学寮大学」(Residential University)や、米国にも営まれる「ハウス・システム」「大学クラブ」などは、われわれの新たに摂り容れるべき点があると思う。われわれが将来、本学を中心とする文化地区を設定し、教授学生を含めて学寮制度の創設を提唱するのも、ここに理由があるのである。

要は、単に知性の啓発のみでなく、人間「性格」の形成、深く豊かな情操をも含めて

「全人」の教育はまた大学教育の任務でなければならない。これによって、ただに有能な吏員・弁護士・教育者・医師・技術者をつくり出すのみでなく、善良にして高貴な人間――自由にしてよく責任を解する人士を、新しく社会の各層に向って送り出す……（「大学の理念」、同書）

ここでは都市に住まうこと、学習すること、研究することが、いわば三位一体をなしている。知られるように、近代の大学についてのフンボルト理念は「教育」と「研究」の一致にあったわけだが、南原は英国の大学＝ユニバーシティではさらにもう一つ、「生活」が「教育」や「研究」と融合して三位一体をなしており、そのことが大学を、単なる専門教育や研究開発だけの場でなく、全人的な人格形成の場にしているのだと考えた。そしてこの全人的な教育こそ、戦前までの日本の帝国大学に決定的に欠けていたとされるのである。

したがって、後述する上野・本郷・湯島・小石川を「文教地区＝オックスフォード」化する構想は、南原の「文化国家」へのビジョンと深く共振していた。南原にとって、焼け野原の東京にオックスフォードのような大学都心を出現させることは、単なる都市開発や街づくりの問題ではなく、むしろ彼が考える新しい大学の理念の核心をなしたのである。

「文教地区計画」における南原と丹下・高山

そこでまず、この本郷・上野・湯島・小石川の文教地区化構想を、戦後の大学改革の観点から捉え直してみることにしよう。『東京大学百年史』によるならば、一九四五年一二月一四日、総長に就任した南原は、その四日後の一二月一八日の評議会で就任挨拶を行い、明けて四六年一月一五日の評議会では、戦後の東京大学を方向づけるいくつかの「積極的な提案」を行った。南原の提案は一月二九日の評議会でも続き、ここにおいて「いわゆる本郷文教地区構想」が明らかにされる。南原は、「人物を育成することは学問を通じて行ふこと勿論なるも、学生の共同生活、教授と学生との接触が極めて必要なるを以て、理想としては本学を中心として上野公園、植物園に及ぶ地域を文教地区たらしむべき構想を樹て、既に営繕課に仮案作成方を命ずると共に一方関係官庁に対しても連絡中」であると述べた。

この構想は、すでに数日前の一月二三日、新聞記者らに総長就任の抱負を語った際に言及しており、そこでは彼は「新日本文化の創造と文化国家建設といふ使命が大学に課せられてゐる」として、「本学を中心とし上野公園及び小石川植物園に亘る学園文化地区を設計し、英米の大学制度を参考とし学生の寄宿寮及び教授住宅等を緑地の間に配設して理想的学園を実現」する計画であると語っていた（『帝国大学新聞』二月一日付）。

その後、一九四六年前半には東京帝大と東京都の調整が進み、「戦災を免れた本学を中心に文化、教育、芸術、厚生を綜合した国民文化の中心をつくろうとする気運」（『帝国大学新聞』一九四七年一月一日）が大いに盛り上がり、三月には、大学内に「東京帝国大学文教地区計画委員会」が、南原を会長とし、「学内技術者、関係官庁代表等が委員となつて」設立されていった。そしてこの委員会の下で、「文教地区」についての具体的な計画案を練っていったのが、東京帝大建築学科を仕切っていた岸田日出刀をトップとし、丹下健三、高山英華、池辺陽、浅田孝といったそれぞれ後に戦後建築界の中核をなしていく強力な助教授たちだった。後に高山英華の評伝を書いた東秀紀は、岸田の下で設計作業を始めたワーキンググループの様子を高山の視点から次のように要約している。

> 製図室に教員も学生も、一緒になってたむろし、営繕課から御飯と味噌汁を用意してもらって、徹夜で設計をつづける。何しろ日本中誰もが食べるもののない貧しい時代だった。
>
> そのなかで、（高山）英華の印象に強く残ったのは、実際に設計図を描くリーダーだった丹下健三の姿である。
>
> 《大きな製図板で描いたんです。それで、やっぱり丹下君だからさ、描きなぐりだよね。上へ立ち上がってこう見ててさ（笑）、道路は少しかっこ悪いっていうんで直したりね。

それであの図面をつくったんだ。だから、あれにはコルビュジエ版がたくさんあるんだ》（高山英華『都市の領域』建築家会館叢書、一九九七年）

……（こうして）手伝う若い学生たちが製図板の上で寝起きするなかで、本郷文教地区計画を設計図に描く仕事は、丹下健三の独断場（ママ）と化していく。範囲も本郷地区から拡大して、東は東京美術学校が担当するはずだった上野駅まで、西は高等師範・文理大学（茗荷谷（みょうがだに））まで、北は小石川、南は中央線まで延びて飯田橋、水道橋駅まで達し、他大学が担当するはずの領域まで含んで、山手線の内側四分の一の大きさにまで広がった。

（東秀紀『東京の都市計画家　高山英華』鹿島出版会、二〇一〇年）

まさに傍若無人、天才建築家の傲慢（ごうまん）とも言えるが、しかしすでに見たように、もともと南原の「文教地区」構想自体、上野から水道橋までを範囲に収める大構想だったのだから、その基本方針から丹下は逸脱していたわけではない。しかも南原は、繰り返し「本学を中心として」と、計画全体に対する東京帝大の主導権を強調しており、東京帝大側に計画立案で東京美術学校や高等師範と協力する意識がもともとあったかどうかは疑問である。

ちなみに「文教地区」構想は『東京藝術大学百年史』でも触れられているが、その詳細は「これに関する公文書の遺存が確認できないためわからない」とされている。しかし実際に

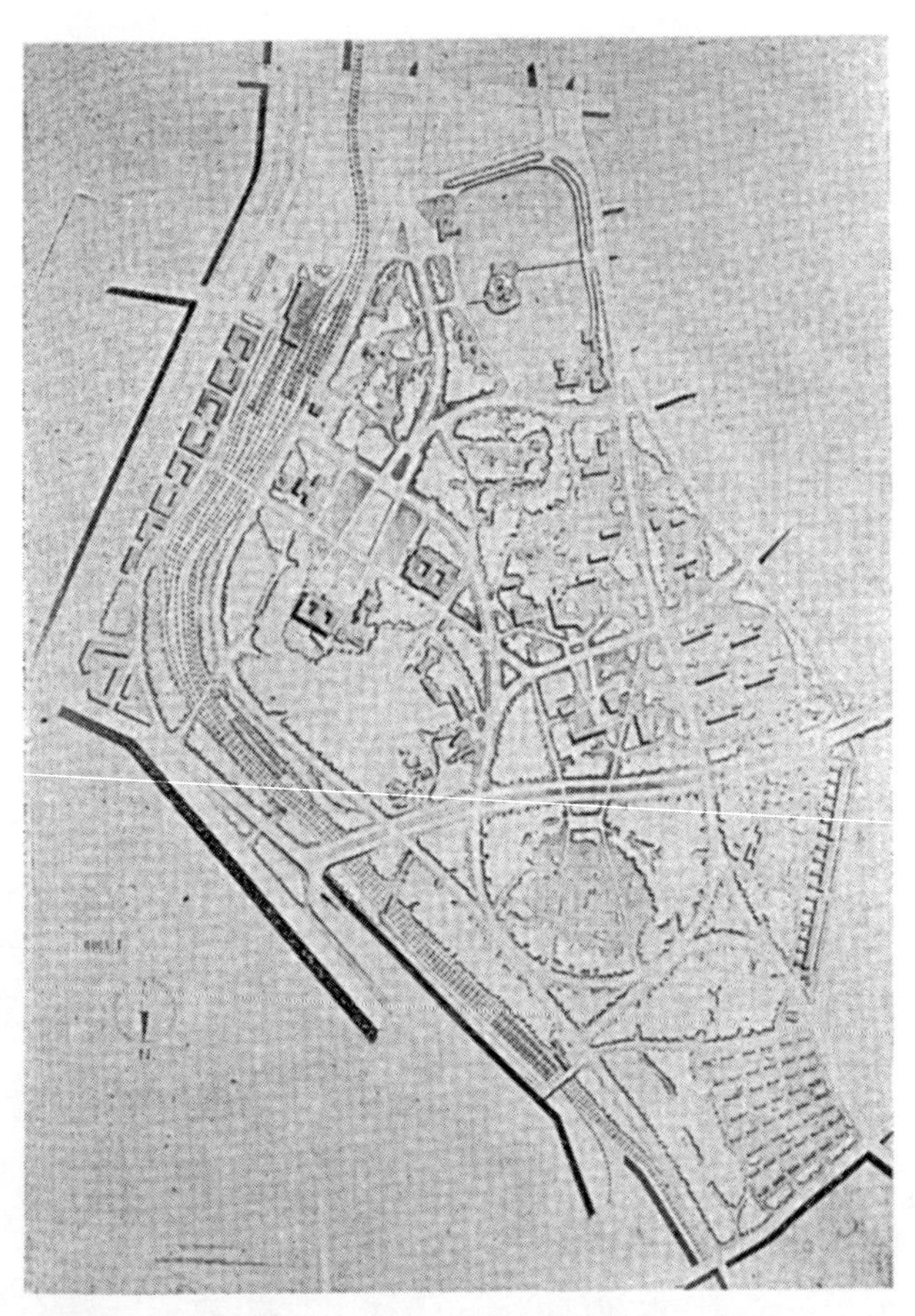

図２－１　上野文教地区計画案（東京美術学校）
出所：『新建築』第23巻第２・３号，1948年.

は、東京帝大よりも出遅れつつ、東京美術学校（後の東京藝大）でも、近代数寄屋建築で名を馳せていた吉田五十八を中心に、中村登一、遠藤雄二などの若手が参画して上野文教地区計画が練られていた（図2－1）。東大の丹下プランはル・コルビジェ風だったが、藝大のモデルはむしろブルーノ・タウト風である。丹下よりも約二〇歳年長の吉田は、東京の近代に対する考え方が丹下とは違ったはずだ。藝大では、不忍池を「大きく昔の姿に復元」することを柱とし、「亦学校の敷地も、現在の桜木町、清水台町と住居地域を利用し、上野公園は自然の森の公園として、生かす」計画が目指されていったという（中村登一他「文教地区計画をめぐる座談会」『新建築』第二二巻第一〇・一一号、一九四七年）。

東京帝大を中心とした「文教地区」構想が丹下健三によって視覚化されていくのと並行して、高山英華は、都市計画家としてこの地域計画の実現に向けた方策を練っていた。そうして彼は、東京帝大のキャンパスと上野不忍池の間に横たわる池之端地区が、計画全体の実現の鍵となる意味を持つことに気づき、南原に土地購入の提案をしている。まだ焼け野原だった池之端の土地を東京帝大が購入すれば、東大キャンパスと上野公園は地続きとなり、ここに上野と本郷を跨ぐ巨大な緑地域が誕生する。

だが、この提案に対する南原の返答はつれなく、「高山君、そんな金ないよ」の一言であったという。その後の東京大学と上野公園の関係が疎遠になっていく大きな要因は、まさにこの池之端地区で再開発が進み、両者の間に高い建築物の壁ができてしまったことにもある。もしも南原が高山の提案の先見性を見抜き、借金をしてでも土地購入をしていたならば、その後の本郷台地と上野台地の関係は実際とは違ったものになっていたかもしれない。

「学術」「芸術」「国際」「レクリエーション」をつなぐ

では、南原らの「文教地区」構想は、具体的にどのようなプランだったのか。『東京大学百年史』によれば、この計画は、北東方面は上野公園と谷中墓地まで、その北端から小石川植物園までを結んで、さらにそこから後楽園までの緑地帯を含んでいた。さらに、後楽園から外濠に沿う一帯と湯島聖堂から上野池之端に至るまでの緑地帯に広がり、全体は本郷区、下谷区、小石川区に跨がる広域的な計画だった。お茶の水駅から水道橋駅までの総武線よりも北、上野駅から日暮里駅までの山手線よりも西の広い範囲が含まれていたわけだ。

　この中心部には市街地が広がっていたが、周縁部は上野公園から谷中墓地、六義園、小石川植物園、後楽園、湯島聖堂というように緑地が連なり、それらをつなぐ緑地帯を形成することで文教地区全体を緑で囲むことができると考えられていた。

　このなかの本郷地区は、帝大キャンパスを整備するとともに、学生・職員会館等を新しく建設することが計画されていた。他方、上野地区には、博物館・美術館群に加え、近代美術館を新たに建設し、さらにお茶の水と本郷に挟まれた湯島地区は、「交通も便であり景勝にもめぐまれているため、この地を国際学術中心地区とし、博物館、図書館、研究所、及び学術会館またはクラブを緑地的な環境の中に配置する」ものとされた。さらに、小石川植物園から後楽園にかけての地区にはレクリエーション施設を配置し、人々は「学術」「芸術」「国際」「レクリエーション」というすべての機能を享受できるようになるはずだった。

また、計画ではこれらの四つの主要地区を結ぶ交通路の整備も重視された。たとえば、「お茶の水駅からは国際学術地区の緑の中を抜けて大学に至り、或は上野公園に至ることが出来る」街路が形成されるはずだった。また、「本郷通りは車量通過交通を他の様に回避してこれを大緑道とし、本郷通りの商店街を娯しみながら緑の中をお茶の水まで遊歩することができる」ともされた。さらに、「上野公園から大学をよこぎつて植物園、後楽園へは緑樹におほわれた散歩道路が設けられる」ことになっていた（章扉）。

この計画はあまりに理想的と考えたのか、丹下や高山を中心に練られたこの計画について岸田日出刀は、これは「どうすれば本郷台を中心に学園都市らしい環境をあますところなく展開しうるかといふ理想案であつて、もしこの計画案の何十分の一かでも実現できたら、本郷台は文教の地区として現状より何十倍の好ましい環境を成すことができるであろう」と控え目に語っていた（『帝国大学新聞』一九四七年三月一二日）。

しかし現実には、この壮大な構想は何一つとして実現しなかった。本郷通りは今でも激しい交通量の大通りで、「商店街を娯しみながら緑の中を」遊歩できるような道ではまるでない。お茶の水から湯島を抜けて本郷や上野に至る道もまったく未整備だし、後楽園方面から本郷に抜ける幅の広い道路は存在するが、プロムナードとしては機能していない。本郷と上野は距離的に至近でも気持ちよく散策できる街路はまったく整備されず、そうこうするうちに不忍池と東京大学の間の池之端には超高層マンションが林立してしまった。さらに湯島がその後にたどった道は、国際的な交流拠点となることではなく、ラブホテル街となることだった。岸田日出刀は控えめに計画の「何十分の一かでも実現できたら」と語っていたのだが、実際にはその「何十分の一」すら実現しなかったのである。

南原や丹下らによって立案された上野・本郷一帯の文教地区構想は、その後の経済発展のなかで木端微塵（こっぱみじん）となり、完全に夢物語で終わった。同じ時期に構想された他の文教地区構想と比較しても、構想のスケールや文化的意味の大きさでは東大を中心とした構想が他を圧倒していたのだが、実際に計画が実現した度合いはゼロに近い。ほぼ唯一、この文教地区構想と関連して現在も残るのは、桜並木で有名な小石川の播磨坂（はりまざか）だが、小石川植物園正門とも微妙に直結しておらず、東大キャンパスからも離れているので、かつてこのあたりまでも包み込んだ壮大な大学都市が構想されていたことなどすっかり忘れ去られている。この結末には諸々の要因があろうが、あえて言えば「本気度」の不足も要因の一つとしてあったのではないかと疑われる。石川栄耀（いしかわひであき）や南原、高山、丹下らは敗戦直後の東京で、たしかに素晴らしい東京の未来像を語り、計画を練っていったのだが、計画の大胆さに比べ、せめてその「何十分の一か」を実現させていこうとするしぶとさが足りなかったのではないか。

2　皇国都市から文化首都へ――石川栄耀の東京復興

都市計画課長石川栄耀と「文化首都」建設

敗戦後、焼け跡の東京各地で試みられた「文教地区」建設の試みは、同時期の日本で喧（かまびす）しかった「文化国家」建設の構想と表裏をなすものであった。換言するなら、「文化」こそ、一九四〇年代後半の敗戦国日本で大学、地域、都市、国家を貫くキーワードだったのであり、大学の「一般教養」、地域の「文化施設」、都市の「文教地区」、そして「文化国家」の建設が、同じ軸線上にある異なるレベルの展開として存在したのだ。

東京について言うなら、こうした文脈のなかで戦災復興を「文化首都」の建設事業として推し進めようとしたのが、東京都の都市計画課長（後に建設局長）として復興計画立案の中枢を担った石川栄耀であった。石川にとって、「文化」は「広場」や「緑地」とともに、焼け野原となった東京を新たな仕方で復興させる主軸の一つとなるべき理念だった。

一億五千万坪の焦土は一刻も早く回復されなければならない。又、国家の経営上の大題目としては文化国家建設と云ふ事になつた。今迄といへども文化面がなかつたワケではないが、軍備の為にさかれた居た国力も大きかつた。之を全面的に文化へ集中し文化国家として世界独自の地歩を占め、尊敬を得なければならない。

（石川栄耀『都市復興の原理と実際』光文社、一九四六年）

石川はこう述べつつ、敗戦直後、というか正確には敗戦直前から東京の復興計画立案に向けて活動を開始していた。中島直人らによれば、石川は終戦直前の八月一〇日、東京都の上層部に呼び出され、「スグ復興計画にかかり給え」との指示を受けたという。国土はすでに焦土で、敗戦は時間の問題だった。それどころか、すでに一年近く前の一九四四年秋頃から、米軍による本土空爆が始まると、内務省内では首都の復興計画が検討され始めていた。つまり、この国の優秀なる官僚たちからすれば、一九四四年の時点で敗戦は予測範囲内で、彼らはその焦土の先でどのような「復興」が可能かの検討すら始めていた。それにもかかわらず、それから一年近く、彼らは戦争自体を終わらせることはできなかったのだ。

いずれにせよ、ここで石川らが考えた「復興」は、東京が際限なくスプロールする巨大都市となることを防ぎ、緑で囲まれるより多核心的な都市ネットワークを形成していく方向だった。すなわち、「グリーンベルトによって都市の膨張を防ぐ東京緑地計画から発展し、より強力な土地利用規制や交通網の整備によって、断固として膨張の防止を企図していた」（中島直人他『都市計画家 石川栄耀』鹿島出版会、二〇〇九年）。そして中島らが説得的に示したように、この戦中期からのビジョンは、戦後の計画でも維持されている。

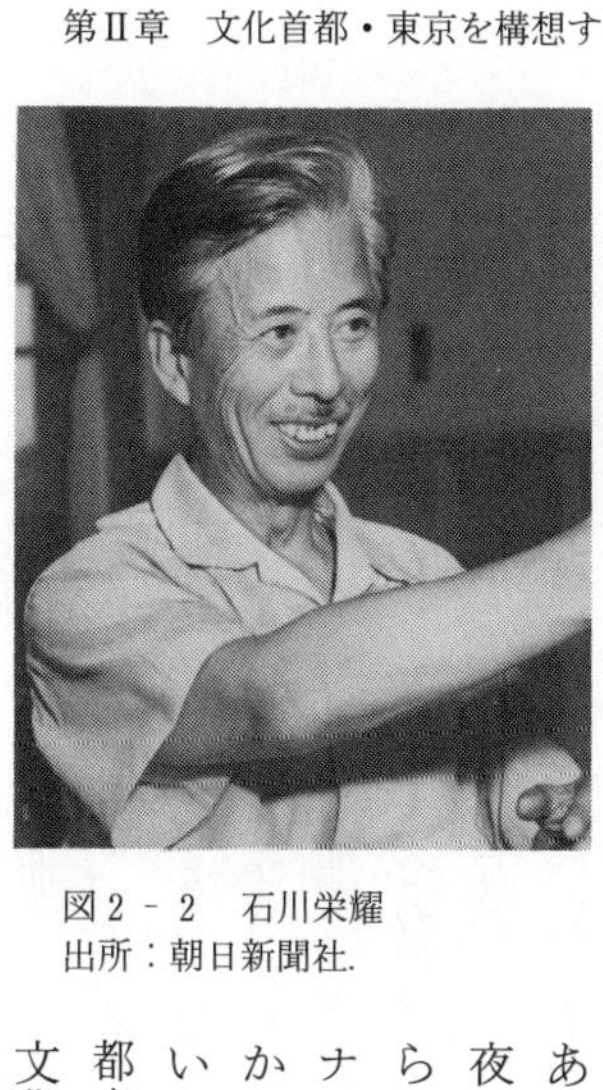

図２－２　石川栄耀
出所：朝日新聞社.

都市計画の観点からすれば、東京が焼け野原となることは、新しい首都を造るチャンスであった。こうして石川を中心に、「復興計画は、夜に日をついで行われた。／早くきめなければならない。／建築の実状からも、政治的反動へのソナエからも、先ず街路網、地域別と終戦翌年正月から始め二年殆で完了した。／殆ど全部即決」という具合だった（石川栄耀「私の都市計画史」『新都市』第六巻第一二号、一九五二年）。この石川の文化首都イメージは、彼が一九四六年四月にまとめた『新首都建設の構想』という冊子に示されている。彼は、焼け跡から新たに立ち上がる「新首都」が備えるべき特徴として、「交通が一番尠くて済む都市」「(市民が)和かに結合してゆけるやうな町」「太陽の光線と新鮮な空気に恵まれた都市」といった条件を挙げていくが、その肝要な点に文化首都建設が含まれていた。

石川によれば、「今迄の日本の都市計画の欠点は建築単独主義であつて、例へば図書館一つ造つても造りつぱなしであつてその環境が出来て居ない。病院を一つ造ればそれだけのことで病院の近所に工場があらうとなからうとお構ひなしであつた。学校の運動場の周囲においしめを干したり、或はいかがはしい店が周囲にあつたりして学校の教育の妨げになるやうなことをしても一向差支へなかつたが、これでは本当の文化は生れて来ない」。したがって、都市の「生活」と「文化」を有機的に結びつける必要がある。たとえば、「消費中心」は「極めて賑かな、充分に楽しめる」ようにし、「文教中心」は「学問が出来るやうに環境を整備して、所謂オックスフォード、ケンブリッチをそこに創り上げ」る。

この一九四六年四月の言明から、石川栄耀による東京復興計画と、南原繁らの文教地区構想が、すでに密接に連動していたことがわかる。実際、石川は後に、戦災復興計画のなかで「文教地区も苦労の種であつた」と回想し、南原との連携に言及している。曰く、文教地区構想に関しては、「南原東大総長の音どで各大学の間に文教地区協議会を造り、此の夫々にマスタァプランを建てて貰つた。……南原さんとヨリヨリ首をひねつて居たのでその中、建設省で此れを法律化してくれる事になり（緑地地域と共に）今日多少動き出したが、一時は途方にくれた」という（「私の都市計画史」）。

石川は、こう述べた一九五二年の時点では、まだ「文教地区」の実現を諦めてはおらず、むしろ文教地区には「施設力を与え、当初の様に夫々の地区の即応計画に迄進め可き」と述べていた。そして南原は南原で、石川と連携して慶應、早稲田、東工大など東京都内の主要大学を束ねて「文教地区協議会」を立ち上げていた。つまり中央省庁、東京都、主要大学の連携という面では、「文教地区」構想は地歩を固めていたのである。

文化首都としての東京の未来像

石川は、南原とは異なる都市計画家としての視点から文化首都建設のビジョンを練っていた。石川が、前述の『新首都建設の構想』の半年後、これを充実させてまとめた『東京復興都市計画概要』（東京都建設局都市計画課、一九四六年一一月）には、彼が考える文化首都の全貌が詳細に示されていた。すなわち、「将来の帝都は都市能率の高い保健上快適にして且美しい都市たらしめ文化創造に適応し或程度の生鮮食糧の自給に就ても考慮する事とし更に国家今日の課題である民主的文化的都市を建設する事及極力過去永年の日本的都市欠陥に反省を加へる角度より、復興計画の主要目標」を設定する。

具体的には、「太陽の都市（日照と緑地）」「友愛の都市（広場）」「慰楽の都市」「無交通の都市」「食料自給度の高い都市」「生産の都市」「文化の都市」「不燃都市」の八つが、その主要目標である。このうち「文化」は、狭義に「文化の都市」の支柱をなすだけでなく、「友愛の都市」や「慰安の都市」とも深く結びついている。他方、「太陽の都市」や「無交通の都市」は環境的価値に、「不燃都市」は防災的価値に関わる。「食料自給度」のような戦後特殊の目標を別にすれば、「文化」「環境」「防災」が戦後東京の指針とされていた。

これらのうち、「文化の都市」に関して石川は、「日本程「文化」が捨て児になつてゐる国はなからう。文化関係人は、生活に恵まれず、その施設は又乱暴にもただの孤立した施設だけであつた。然し恐らく文化の施設程環境を要求するものはなからう。／図書館の隣りに工場があつたり、絵画館の傍に操車場があつたり、研究所の側にバスの停留所があるやうであつたら、およそ、その国の〝都市〟文化は育ちようがないであらう。／工業は叩きつぶしても立つて行く。然し文化だけは温い心と行き届いた努力なしに育つものでない、その点我国文化施設は殆んど全面的に落第である」と現状を批判していた。この悲惨さから脱却するために、今こそ「東京を「文化の都市」に、しよう」と石川は呼びかける。

重要なのは、「文化施設に文化育成に、充分な環境を与へ」ることである。石川がここであえて「文化施設」だけでなく「文化育成」という表現を用いたように、彼は「文化」が外から与えられるものではなく、自ら育成すべきものであることを理解していた。

そして、大学はまさしく「文化の育成」の枢軸を担うべき拠点機関である。この認識から石川は、すでに「「帝大と上野」「早稲田と目白台」「三田と芝」「神田」「大岡山」といふ所を広く緑で整備し、都市美的にも配慮して、文化育成地帯、文教地区といふ事にした」と、主要大学が文教地区構想を推進することで、文化首都における「文化育成」を支えていくと述べていた。とりわけ彼は、東大、慶應、早稲田といった大学とその周辺の街を、東京の「オックスフォード、ケムブリッヂにする許りでなく、市民一般もここに出入して高き文化を享受せしめ」るようにしなければならないと主張していた。石川によれば、これらの大学キャンパスを核にした「地帯のある事が、東京の文化的な品位を高めよう」。大学を核とする文教地区は、そうした意味で文化首都東京になくてはならない仕掛けなのである。

石川が「友愛（広場）の都市」や「慰安の都市」について論じたことも、文化首都の建設と結びついていた。石川は、古代ギリシアや中世西欧の都市でどれほど「広場」が重要な役割を果たしていたかに言及した後、「広場こそは友愛。／広場こそは都市の精華である」と述べ、「東京を十一の生活圏に分け、各生活圏の中心　大広場を置き、その広場の周囲に区役所、公会堂等々の社会施設を置き、この生活圏を緑地帯で大きく包む」構想を示していた。

これは、すでに『新首都建設の構想』でも述べられていたように、これまでの東京が「植民地的にお互ひに近隣全く相関せず、心情極めて冷淡な生活をしてゐた」のを反省し、「首都全体を親しみのある、家族的な集団にさせる」措置であった。この生活圏では、「半キロ歩けば市場があり、一キロ歩けば商店街があり、二キロ歩けば映画中心があり四キロ歩けば経済中心があると云ふ様に、何処に住んでゐやうと極めて快適に不都合なく、さればと云つて施設上の無駄もなく、円滑に消費生活を送ることが出来る」はずだった。そのため、「首都を幾つかの社会ブロックに分けて、その各社会ブロックの中心には社会中心を置いて、さうして夫々のブロックの中の生活は、専ら夫々のブロックの人は、その中心を中心として結合してゆく」ように行政区を再編する必要があった(『新首都建設の構想』)。

この考え方は、石川が主導した戦災復興計画で具体的なかたちを与えられていく。その計画では、「それまでのように都市計画区域全般を散漫に市街化するのではなく、市街地に適した場所を集約的に市街化して過大都市を防止し、職場と住居および商業地の近接が目指された。こうして区部は大きく一〇あまりの単位都市に区分され、それぞれの中心に広場を備えた盛り場が、その下には無数の商店街が段階的にネットワークを作るよう計画されていた」と、初田香成は要約している(初田香成『都市の戦後』東京大学出版会、二〇一一年)。初田によれば、この単位都市への区分の結果、たとえば王子から大森までの間に「四キロメートルごとに銀座の分身のような市街地」が設けられていく。つまり、盛り場をできるだけ分散させ、銀座や新宿のような大盛り場への過度の集中を避けようとしたのである。

結果的に、文化首都東京では、「市中には到る所広場あり、広場には彫刻あり、水辺は必ず緑であり、盛り場は、あげて路上祭であり市民クラブである」ような状態が目指された。この理想的な首都では、「各大学地帯には文化の中心許りでなく、学問芸術の指導機関が出来る筈である。……（娯楽地区には）アーケードもあらう。広場もあらう。当然の映画センタアもあらう。何よりもそこからは必ず大公園に直結出来る。新宿にも銀座にも渋谷にも極めて大きな公園が用意されてゐる筈である」（『新首都建設の構想』）。

こうして文化首都の「広場」と「慰安」を包んでいくのは緑地帯で、「総ての水辺は緑化」される。すなわち、「隅田川を上流から下流迄七粁、水辺公園にする。／外濠は勿論、新橋川、京橋川、皆緑化する。少くも日本橋から新橋迄の間には多少ならずベニスの感覚が出てこよう。又丘といふ丘を緑化し公園とする。飛鳥山、上野山の一帯。目白台、小日向台の一帯、高輪の山の手一帯。総てこれを市民の展望台とする」（同書）。

地域制・田園都市から文化都市へ

石川は、近代都市計画の発展を四つの時期に分けていた。第一は「地域制時代」、つまりゾーニングと区画整理を主軸とする都市計画の時代で、一九世紀末にまで遡れる。これは、「都市の諸要素を工業商業住居等に分ち地域を構成せしめる」方法で、「その為に地域相互は保護され且つ能率的に施設され得る」ことが可能になった。石川は、この第一期の近代都市計画が、鉄道をはじめとする交通機関の急速な発展による都市構造の変化に対応するものであったとも述べている。次に、第二期の近代都市計画は「田園都市時代」として特徴づけられる。この流れへの転換を主導したのはエベネザー・ハワードで、彼が提唱した「田園都市」が、郊外にスプロールした地域で新しい都市計画の主軸をなしていった。

　ここまでは、都市計画史として常識的な整理なのだが、さらに石川は、第三期を「国防都市計画」の時代として特徴づけた。これは、「今次大戦前に初まつた手法」で、「都市に星形、帯状、網状（小都市群の群構成）等の形態を与」えて、都心部には「極力空地を増加せしめ、結局に於て小都市化を計る」ものだという。つまり石川は、近代都市の巨大化、郊外化の先で、これを小都市のネットワークに再編することを考えていたわけである。

　こうしてやがて、第四期として「文化都市計画」の時代が到来する。石川の考えでは、この「国防都市」から「文化都市」への転換は、「戦争」の時代から「平和」の時代への転換に対応して生じる。二つの世界戦争を経て、今や世界は平和の時代に入りつつある。これに対応して、「国防」都市は、巨大都市化＝過密化をできる限り抑制しようとする計画の方向性は堅持しつつ、「文化」都市へと変化していくと石川は考えたのだった。

この文化都市の建設にとって、鍵となるのは「文化地域」の整備である。石川は、「既往の日本に於ては文化地域、例へば学園の如(ごと)きは第二次的存在として扱はれ、いはば必要なる施設の程度に限られ赤裸で放置されて居た」と批判する。これではいつまでたっても日本の都市のなかに「真の深さと幅のある文化は育成され得ない」のであって、都市に文化が育成されるのに「妥当なる環境を与へる」必要があるのである。

そのために石川は、都市の核となる「文教関係諸施設」「政治関係諸施設」「娯楽関係諸施設」の三つの機能の集中配置を主張した。大都市の地理に彫の深い濃淡をつけていくために、「大学街」「官庁街」「娯楽街」の三つの集中地域が必要である。現実には、その後の東京で「官庁街」と「娯楽街＝盛り場」の発展に比し、「大学街＝学術・芸術的都心」は、十全には形成されなかった。それどころか、一九六〇年代末の大学紛争を経て、東京は都心部の大学街をはるか郊外に駆逐(くちく)してしまったから、文教地域は失われていったのである。

とはいえ、敗戦後の東京にはまだ希望があった。石川の構想では、「文教」「政治」「娯楽」の三機能を集中配置するために、「特別地区」の設置が提案されていた。特に「文教」の特別地区は、すでにある大学を中核として構想されることになる。「帝都に於ては、本郷、上野一帯、神田、早稲田、三田、大岡山等に学園があるが、いずれも孤立して居り、学園環境の如きいささかも成立して居らない」、つまり大学と街が分離し、ヨーロッパのオックスフォードやセーヌ左岸のカルチェ・ラタンのような学生街を形成していないと、石川は考えていた。そこで、このそれぞれを特別に「学園地区とし周囲相当距離に亘り環境統制をする」政策を進めたのだった。このうち本郷と上野は至近なので一地区にまとめ、他に、神田、早稲田、三田、大岡山のそれぞれで文教地区が構想されていく。

石川のいう文教地区は、具体的にはいかなるものであったのか。彼は、「帝大、早大、慶大等の既に大なり小なり学園を構成し居る大学等は、校舎より半粁乃至一粁位の厚さに学園地区を設定し、此の中には、学園にふさはしき、環境として整備し、学園に背馳するが如き、施設は排する」と述べていた。ここで学園に「背馳する」施設とされたのは、決して歓楽街などではない。むしろ石川が学園に「背馳する」として筆頭に挙げたのは「通過交通線」、つまり鉄道や道路の幹線であった。文教地区において、大きな道路や高速道路、鉄道が大学街の真ん中を縦断するようなことは避けるべきだと石川は考えていた。

こうした考え方の根底には、近代都市では「生産線」と「生活線」、つまり生産や産業のためのインフラと生活や文化のためのインフラは極力分けていくべきだとの発想があった。復興後の東京では、「生産線は極力生産に効果ある様、精巧なる機械の如く整備する。生活線は完全に非交通的な美しい安静な路線として計画する」ことが標榜された。

石川が批判していたのは、「学園中心に電車バスが潜入し、空気を乱し居る事及び銀座、新宿、上野等の綜合民家中心に電車が入り、慰楽区域を中断して居る事」であった。ひどい例として、たとえば芝公園の場合、自動車道路が公園の内部まで入り込んで緑地を分断している。また、渋谷駅前も幹線道路が交差して車の往来が絶え間ない。これらはいずれも都市の文化育成や慰安を妨げるものであり、復興後の東京では、大学街や娯楽街の中心部からは、これらの大きな幹線の電車や道路は「除かれなければならない」とされた。

このようにして鉄道や道路の侵入を免れた文教地区には、「研究所、学生クラブ等々の施設を要所に配し、ケムブリッチ、オックスフォード等のやうな環境を醸成する」。とりわけ「帝大に関しては、上野公園一帯の音楽美術地域と相結び、広大なる文教中枢を構成し得る」。この本郷・上野を中核とする文教地区が、神田、早稲田、三田、大岡山から全国に広がる文教地区の総本山をなしていくというのが、石川が考えていた文化都市構想だった。

石川は、復興後の東京では、こうした文化地域が自然景観とも調和的に形成されていくべきだと考えていた。曰く、東京の復興で「最も推し度き点は、水辺、丘陵の美を市中に導入し、自然と人生の対比を造る事である。隅田川、外堀、日本橋川、京橋川、新橋川、東京港等の沿岸を開放すると共に、富士筑波の遠望を得べく、又都市展望台として、上野より飛鳥山に致る台地、あたご山、その他各台地を私人の手より公共へ移す」。こうして生まれた

「全造景点を緑地帯により聯絡する事が（復興の）最後の仕上となる」。東京の微地形の可能性を最大限に活用し、たとえば都心地域では「長さ一粁内外以内に造景広場を配し、又屈折点乃至丘陵上水辺等、造景上の要点に於ける建築物は都市美審査会の審議を経て建築す可し」という主張である（『都市復興の原理と実際』）。

分散的な小環状都市としての皇国都市

敗戦後の東京復興で全面展開されていく石川の東京に対する考え方は、戦後に突然現れたものではなかった。石川は戦中期、一九四一年に『都市計画及び国土計画』という大著を書いているが、前述のゾーニングや田園都市、生活文化圏の街路と鉄道・自動車の高速交通網を分離すべしという考え方は、すでに戦中期から示されていた。

石川は戦後、首都を一極集中型から小都市ネットワーク型へと再編していこうとした。すなわち、「帝都と称されて来た三十五区に相変らず首都として必要な一切の機能を集結させておくといふ考へを止めたい。乃ち三十五区は純粋に首都として必要なものだけを置いておく、……その他のものは東京の周囲の衛星都市と謂はれる約四十キロ半径の所に在る大宮、川越、粕壁、厚木といつたやうな都市に分担して貰ふ。……（これは）小都市を組合せて大都市の機能を発揮させせるといふ行方である」と述べていた（『新首都建設の構想』）。このような分散型の首都ビジョンを、実は石川はすでに戦前から抱いていた。

石川が戦前から抱いていた都市ビジョンは、戦争末期、米軍の空爆が激しくなるなかで彼がまとめた『皇国都市の建設』（常磐書房、一九四四年）に集約されている。石川はそこで、国内諸都市の「皇国都市化」を主張していた。皇国都市化とは、人口が過度に集中した大都市を小都市の分散的ネットワークに政府主導で再編していくことである。その指針として石川は、①郷土化、②農本化、③神本化の三つを掲げていた。

郷土化とはコミュニティ形成であり、都市において地縁的、血縁的なつながりを強化していくことだった。農本化とは田園都市化であり、緑地や農地、森林などエコロジカルな要素を都市内部に導入し、人工と自然の調和を図ることだった。そして神本化とは、そうした都市の超国家主義イデオロギー空間化で、地縁、血縁のつながりが強化され、エコロジカルな編成となった都市のそれぞれの中心に神社を建立し、神社を中核とする民族主義的な都市を建設していくことだった。

石川は露骨に時勢に迎合し、神社中心の小都市建設を標榜していた。この皇国都市の理念型として、彼は「環状都市」なるモデルを提案していたが、その中心には神社が置かれ、その周囲はスポーツのための緑地帯で、さらにそれを農地が囲む。そしてその農地に面して住居地帯が環をなし、環状の街路が続く。さらにその外側には大小の工場が連なり、その外を

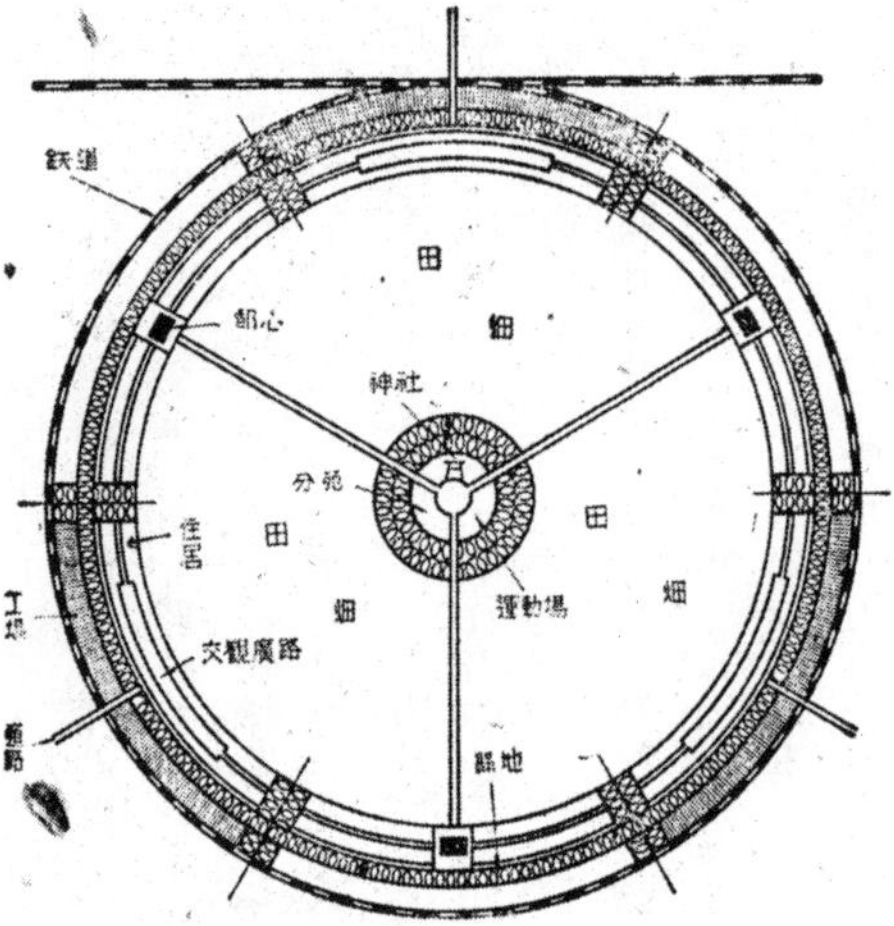

図2－3　石川栄耀の「環状都市」モデル
出所：石川栄耀『皇国都市の建設』常磐書房，1944年.

走る環状鉄道は広域的な都市間交通から分岐したものである（図2－3）。

石川は、この種の環状都市を人口一〇万規模から三〇万規模までの範囲で計画的に形成すべきだと考えていた。その半径は約四キロメートルとなるが、これは東京ではほぼ東西は浅草から飯田橋まで、南北は上野から銀座までの距離になる。台東区と文京区、中央区、千代田区の北半分がこの範囲に収まる規模である。東京都心の北半分と言ってもいい。石川は、このくらいを最大規模の「皇国都市」とし、そのなかに神社、緑地、住宅、工場などを配置するプランを考えていたのである。

この石川の皇国都市論は、日本のアジアへの侵略、占領地での都市建設を正当化していた。

実際、石川は皇国都市を植民地各地に建設していくことが、「大東亜」の植民政策として長期的に有効であると述べてもいた。彼によれば、大日本帝国がアジアに拡大していくなかで、「いかにして在外日本民族の精神を永久に維持高揚してゆくか」や「いかにして被指導民族をして我々の真意を解し、心から協同する様に導く事が出来るか」が問われてくる。その際、当面の都市政策は、「日本人村を造る事」「都市を小聚落とする事」などになろうが、より長期的には、皇国都市のなかに「文教基地を設け、日本人は中等以上の教育を必ずそこでうける事とし、被指導民族も亦(また)希望者はそこで大東亜精神の教導をうける様にする。……（とりわけその文教基地は）都市美に留意し、健民地、医療地たる事を兼ねしめる」必要があろう。帝国の植民地都市政策で重要なのは、こうした「文教基地」を一極集中的に配置することは避け、都市全域に均等に配置していくことである。コミュニティのレベルでの文教基地の建設が、被支配民を文化的に訓育するのに有効というわけだった。

　戦時中、日本のアジア侵略と結びついて展開された石川の「皇国都市」像には、実は戦後の文教都市構想の多くがすでに内包されていた。石川は、大都市の人口を抑制しつつ、これを十分な緑地を内包した小都市圏に再編し、しかもそこでは都市が提供できる文化的、商業的、生活的機能も確保すべきだと考えていた。そして、そうした都市性の維持のためには、都市の中心性が不可欠であり、この中心には「政治的なもの」「市民的なもの」「神祇(じんぎ)的なもの」「文教的なもの」の四種類があると論じていた。

つまり、行政中心と社会的な交流拠点、宗教拠点としての神社、文化拠点としての大学や文教施設である。これらの中心の周囲には広場が整備されなければならず、政治、社会、宗教、文化の諸拠点と広場のセットが都市の各所に配置されていく計画であった。彼は特に、都市は「適性」なる比率で「精神人口」を有していなければならないと強調し、この人口は「学術、芸術等形而上文化に関与する人口で、学生を以つてその量的表現となす」が、これらの人々の存在が「都市の精神の高揚」を支えていくとした。

戦時期、石川は山手線沿いの環状地帯も考えていた。この環状の中心には皇居があり、それがこの都市の神祇的中心となるわけだが、皇居周辺から山手線の内側までは、「出来る丈重要なる政治経済施設を置かぬ事にし空地化する」のが望ましいと石川は述べた。むしろ、「重要施設は総て上野、池袋、新宿、渋谷、五反田、品川等に移す」ことで、山手線の円環状にいくつかの副都心が形成されていく。こうして都心機能を山手線沿線の環状地帯に押し出し、その内側を「空地多き住宅地」や文教的な地域としていくことで、東京は中央部に巨大な空洞を抱えた環状都市となり、「防空上の弱点は著しく軽減」されると同時に、交通渋滞や人口の過密化の面でも、首都の負荷が著しく減少すると石川は論じていた。

石川はさらに、都心機能が重合するのを避けるべきとの観点から、それぞれの次元を独立させ、社会的交流という意味での都心は神田・小川町を中心とする一帯に、文化的都心機能は上野・本郷地区に、経済的な都心機能は日本橋・丸の内に、政治的な都心機能は虎の門・霞が関に、工業的な基地機能は一方では蒲田・川崎に、他方では葛飾・江東に、さらに娯楽の中心機能は新宿と亀戸に集中させていくべきことを論じていた。

この方針には、上野や銀座、浅草などの「大盛り場は総て日常中心とし、料理店待合は之れを廃し、新宿、亀井戸に盛り場を置き総て不用に帰した木造施設は除却して緑地にすれば、実に美事な大東京を得る事にならう」という、既存の盛り場に対する「浄化」的視点が含まれていた。戦後、石川の戦災復興事業は、新宿歌舞伎町等での盛り場建設を含んでいくが、その発想はすでに戦中の皇国都市構想に示されていたわけである。

この石川の戦中期の東京改造プランでは、戦後の文教地区に直接発展していくアイデアもすでに示されていた。彼は、「皇国日本」の「精神高揚計画で各聖域は云ふ迄もなく一般の神域、学園地帯等も出来る丈浄化し且つ緑化し、特に各大学を中心とする区域には大胆なる疎開に伴ふ緑化が望まれる」と主張していた。大学を中心とする地域の緑化は、まさしく戦後の文教地区計画が目指したところだが、その考えはすでに戦中期の皇国都市論でははっきり示されていたことになる。しかも彼は、皇国都市化が東京中心部の空洞化を含み、したがって多くの都心機能の郊外化や地方化を含んでいたことから、新たに都心機能の受け皿となった周辺都市には、「精神高揚」のために積極的に文教基地を創成する考えだった。

すなわち、東京にある大学の第二学部を、太田（群馬県、鉱山学部）、前橋（同、工学部）、鹿島（茨城県、農学部）、越生（埼玉県、法経学部）、箱根（神奈川県、医学部）等に分散配置し、これらの学部を拠点に文教基地を形成する。さらにはそうした学部の周囲に、研究所や美術館、博物館、図書館、コミュニティ・センターと神社、学生クラブを配置し、大学都市を文化都市に発展させることが標榜されていた。

さらに注目されるのは、石川が戦時下の防空対策、そして東京の人口や機能の疎開を、分散的な「皇国都市」を建設する千載一遇のチャンスと捉えていたことである。それどころか彼は、東京がやがて空爆で焼け野原となること、そのまさに「皇国」の破滅こそが、焦土に「皇国都市」を建設していく機会となることを予見していた可能性がある。

実際、彼は東京での皇国都市の建設は、「現存家屋に大改造を要する時期が来るか、然らずむば大災禍が有つた後でなければ実現しにくい」と述べていた。彼がこの構想を書いたのは一九四四年三月で、東京大空襲の一年前である。その時点では、やがて東京都心が文字通り焼け野原となってしまうことを、まだ誰も知らない。それにもかかわらず石川は、将来の「大災禍」を予見し、そのような「不幸災禍があり復興事業を必要とする時」には、断固、温めていた計画を実現すべきであると書いていた。そして敗戦後、彼は焦土の東京できわめて迅速に復興構想をまとめていくが、その計画の多くはすでに彼が戦中、「皇国都市」の構想として温めていたものだった。

石川栄耀における「皇国都市」から「戦災復興」への連続性は、戦災復興計画一般にも当てはまるものだった。日英の戦災復興を比較分析したN・ティラッソーらは、日本が戦後、復興計画の策定まではきわめて迅速に進めることができた背景に、「戦前・戦後における都市計画の基本的な理念や技術の連続性」があったと指摘している。戦争末期、「都市計画は国防上の観点から重視され、さまざまな規模での計画がさかんに策定された」。それらには、「国土全体の産業・人口の配置にかんする国土計画に加えて、都市計画官僚が唱道(ママ)した「大都市圏計画」論、すなわち緑地帯(グリーン・ベルト)や衛星都市の配備で都市の産業・人口を分散させ、その膨張を防止するという考えかたにもとづく地方計画が、広い範囲をカヴァーした。また既存の都市部については、広幅員の街路網や緑地・公園の潤沢な配置に重点をおく防空都市計画が立案された」(N・ティラッソー他『戦災復興の日英比較』知泉書館、二〇〇六年)。明らかに、石川はこの流れの中心におり、流れをリードするイデオローグであった。石川の構想が理念性の強いものであったことや、しかし戦後社会に理解されず、受け入れもされなかったことは、いずれもこの戦前期からの連続性に一面では由来している。

3　大学が媒介する首都と国土――建築家と社会学者と宗教者

神田と早稲田における文教都心構想

石川栄耀に主導された戦災復興のなかの文教地区計画は、南原を中心とする本郷・上野地区だけが舞台だったのではない。石川は都内で主だった大学のあった五つの地区、上野・本郷以外では、神田（日本大学、明治大学、中央大学などの私立大学）、早稲田（早稲田大学）、三田（慶應義塾大学）、大岡山（東京工業大学）で計画立案を促していた。

このうち、神田の計画を主導したのは日大工学部で、笠原敏郎、市川清志などの官僚出身の教授たちが関与していた。早稲田の計画は佐藤武夫が中心で、吉阪隆正、武基雄などの若手建築家が加わっていた。三田の計画は、奥井復太郎を中心としていたらしい。大岡山の計画を仕切ったのは、東工大の田辺平学らのチームで、清家清らが加わった。さらに、上野・本郷地区の計画は東大中心に進められたが、後に東京藝大でも独自案を作る動きが生じ、これを吉田五十八がリードし、中村登一、遠藤雄二が加わった。つまり、丹下健三と高山英華の東大、吉阪隆正らの早稲田、清家清らの東工大、吉田五十八らの東京藝大というように、やがて戦後日本の建築界を代表する面々が、大学と地域との結びつきをどうデザインするかをめぐり競い合っていたのである。

個々の計画を、もう少し検討しておこう。神田文教地区は、もともと大学街である神保町（じんぼうちょう）周辺を中核とし、地区内には五校の私立大学、一九校の高等専門学校が含まれていた。大学生数では、全国の約二九％、都内の約六一％がこの地区に通っていた。つまり神田は、戦前から文教地区だったわけで、既存の文教地区をどう発展させるかがテーマになるべきだった。そのポイントは、緑地の確保にあった。というのも、神田地区は大学の集中度は圧倒的だったが、それに比して緑地やレクリエーション施設が極端に少なかった。

そこで計画は、緑地やレクリエーション施設を、日大、明治大、中央大等の大学、高等専門学校が共同で猿楽町（さるがくちょう）寄りの平地に建設することを提案していた。ここで共同レクリエーション施設の建設用地として想定されていたのは、駿河台下（するがだいした）の西、神保町の古書店街と現在では明治大学の校舎が並ぶ地区に挟まれた一帯である。同時に、その隣の駿河台下には、「学生会館を建設して集会、慰楽にあて、美術館、図書館、各種クラブ等を設け、学生文化運動の基地たらしめること」を目指していた。つまり、現在の神保町古書店街の西北一帯には、この地域の私大に通う学生たちのためのスポーツ施設が並び、その西の駿河台下交差点周辺は、学生たちの文化活動のセンターとなることが目論まれていた（図２－４）。

もっともこの神田地区の計画では、既存の街々への配慮は乏しく、無粋な開発主義が露骨に表明されていた。米軍が占領軍本部の候補地と考えていた東大本郷キャンパスとその周辺地区が比較的空爆を免れたのとは異なり、神田一帯は古書店街の一部を除き、ほとんどが焼け野原になってしまっていたから、その広大な土地を大規模再開発することは、建築家や建設官僚にとっては「夢のような」プランであったろう。しかし、それはまさしく、米軍の空爆以上に歴史的な地域の根本的な破壊を意味した。実際、この日大の計画でレクリエーション施設として描かれたデッサンはどこかの新都市のデザインそのものだった。道路も大きく拡幅されることになっており、都電は「将来廃止されるのが騒音防止上望ましい」とされていた。概していえば、次に見る早稲田の計画と同様、神田の文教地区計画は、「文教」とは名ばかりで、実体としては地域の巨大再開発計画であったとしか見えない。

他方、早稲田の場合、計画は早稲田大学を中心に、高等予科学校四校、専門学校一三校、それ以外に師範学校や芸能学校、国際学院も含んだ七四五ヘクタールの地域に対する広域的な計画で、交通路は山手線の高田馬場駅から高架で主要施設間を一周する学校専用バス道路を建設し、高架の下は歩道が続くことになっていた。また、地下鉄も池袋と虎の門をつなぐ路線がちょうど早稲田大学のあたりを通ることになるので、地区内に二か所の地下鉄駅を設け、路面電車やバスのルートも学園地区を中心に再編成するとしていた（図2-5）。

全体として、早稲田の計画では交通計画と土地の区画整理が強調されていて、緑地や文化

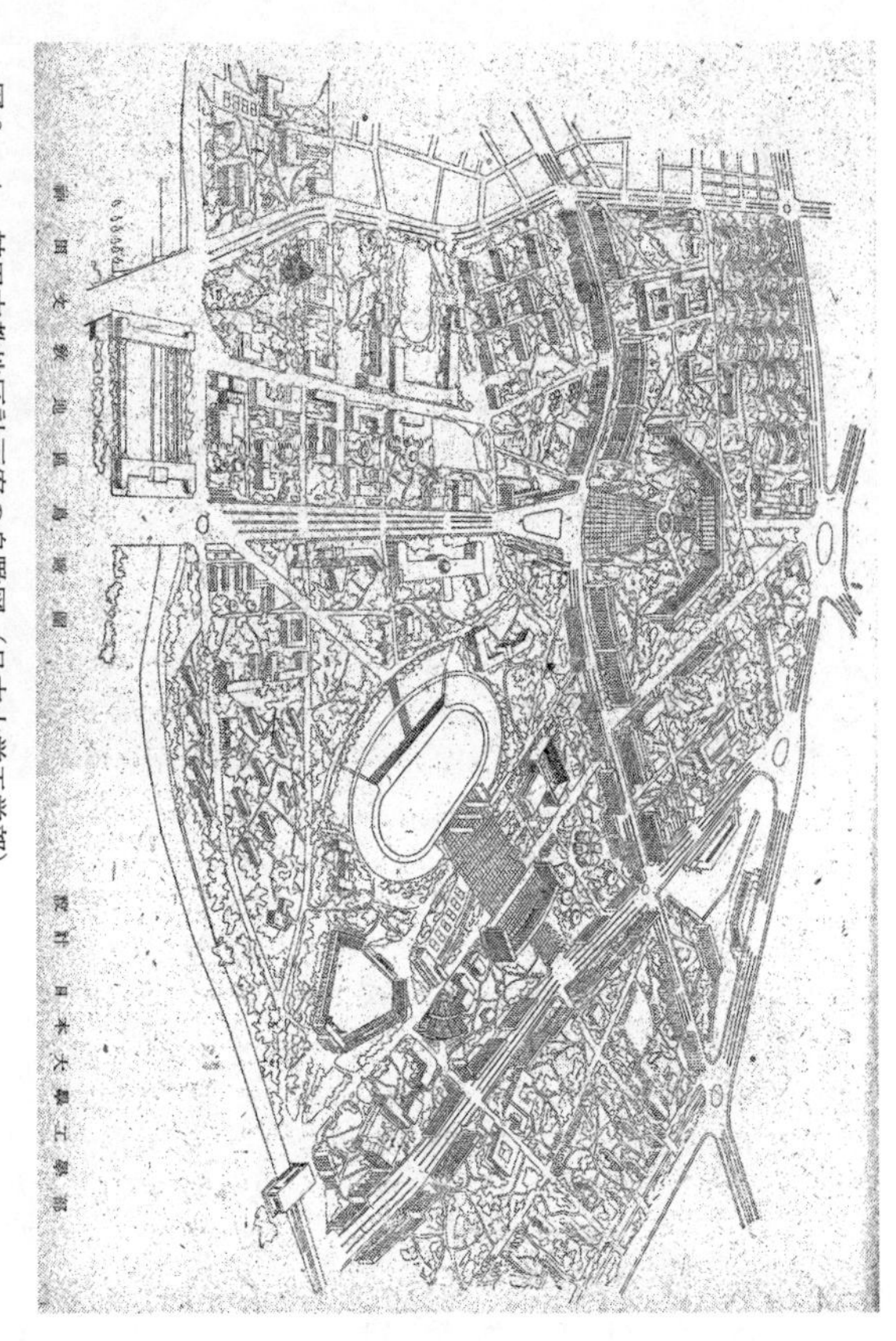

図2－4　神田文教地区計画案の鳥瞰図（日本大学工学部）
出所：『新建築』第22巻第10・11号，1947年．

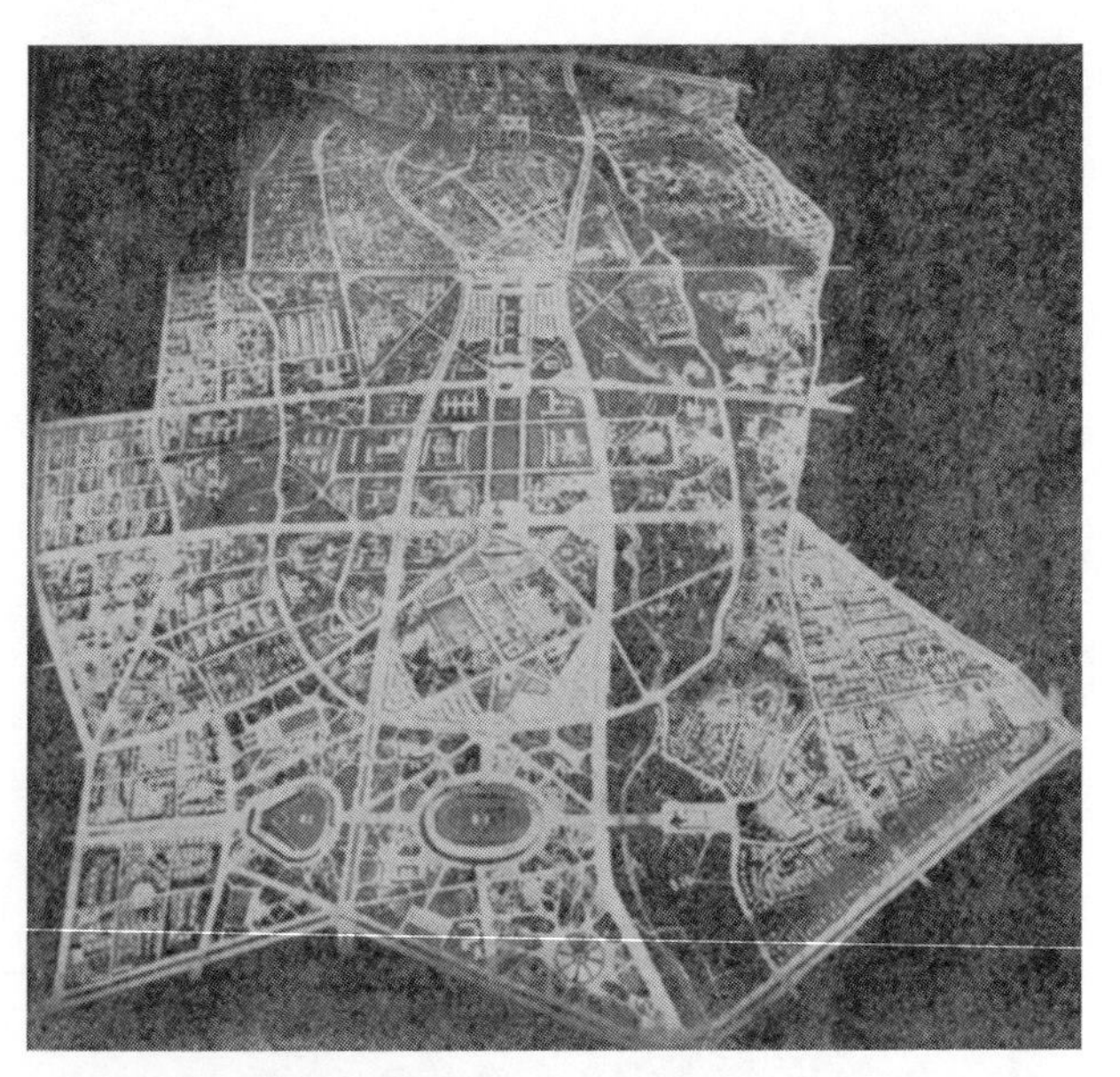

図２－５　早稲田文教地区計画図（早稲田大学工学部）
出所：『新建築』第22巻第10・11号，1947年．

施設への配慮は弱い。この計画は、やがて早大通り（旧鶴巻町通り）終点のロータリー化や道路拡幅、戸山ヶ原の一部の文教地区化（現早稲田大学文学部）といった成果を残すことになった。

後にエコロジカルな建築をしていく吉阪隆正のいた早稲田の計画が開発主義的で、逆に後に戦後の開発主義を体現していく丹下健三のいた東大の計画のほうが周辺地域との関係を重視していたように見えるのは、何やら皮肉である。

都市社会学者奥井復太郎と三田文教地区

このように積極的だった早稲田に比べ、慶應による三田地区の計画は、中身がはっきりしない。背景には、東大、日大、早稲田、東工大の場合、いずれも工学部建築学科が計画立案の主役を担ったのに対し、慶應義塾大学の場合、一九四四年に藤原工業大学を合併して工学部を設置するものの、そこにあったのは「機械」「電気」「化学」の三学科で、「建築」はまだ学内に存在しなかったという事情もあったと考えられる。

このようなとき、図面は無理でも計画くらいはできるだろうと社会学者が駆り出される。三田地区計画のリーダーとなった奥井復太郎は、後に慶應義塾長まで務めた都市社会学者である。東京都の磯村英一や京城帝大から戦後は北海道大に移る鈴木栄太郎と並び、日本の都市社会学の基盤を作った一人として知られる。彼は戦前から、今和次郎の考現学や高野岩三郎の月島調査の影響も受けながら三田地区の社会学的調査をしていた。その奥井は、三田文教地区の戦災復興計画にどう関与していたのだろうか。

わずかに残る資料から察する限り、三田文教地区についての奥井の「私案」で軸をなしていたのは古川の川沿いの緑地帯だった。古川は、上流は渋谷川と呼ばれ、渋谷から明治通りに沿って恵比寿、広尾と進み、古川橋で北に曲がってから麻布十番のところで再び東に向かい、芝公園の南を進んで浜離宮の南から東京湾に注ぐ都心の川である。この川が古川橋から北上して麻布十番で東に折れるその東に慶應義塾大学の三田キャンパスは位置していた。そこで計画は、この古川沿いの水辺を緑地帯化し、南は戦前まで「高輪御殿」と称せられていた高松宮宣仁親王邸（旧皇族邸、現在は上皇夫妻の住まいとなった仙洞御所）、西は広尾の有栖川宮公園、そして北は芝公園が連坦する緑地域を形成しようとしていた（図2-6、奥井復太郎「三田文教地区計画について」『三田新聞』一九四七年一一月三〇日）。

　奥井自身、後に塾長になってから、「私が構想の中心者の一人として考えた構図は地区としては芝公園、飯倉、六本木、広尾、白金、高輪、そしてこれを三田台に結んで丘陵沿いに古川盆地を囲んでの地区を文教地区とする。その中心を古川周辺に設ける」と述べ、構想にあたってこの地域の地形的特徴に注目していたことを強調している。つまり、ちょうど南原らの文教地区構想が、不忍池や小石川の谷を囲んだ上野台地、本郷台地、豊島台地を中核としていたのと同じように、三田の計画は、麻布台地と白金台地の間を流れる古川と、その白金台地の東端が北に突き出したところにある三田の関係を配慮して、三田、麻布、白金の三つの台地で古川を囲むような文化空間を形成しようとしていた。構想はさらに、山手線田町駅に向いている同校正面口を、反対側の麻布十番方面に向けても開こうとしていた（奥井復太郎「僕の学園理想——三田通りに一大ビル」『三田新聞』一九五七年九月一一日）。

　もっと野心的な企みとしては、三田キャンパスから田町駅まで広がる市街地を学生街化するだけでなく、現在は東京都済生会中央病院のある北地区に医学部や附属病院を配置し、西のNEC本社ビルの一帯を工学部キャンパスとし、三田キャンパスのやや北西にある三井倶楽部をインターナショナル・ハウスとして活用したいという構想も、奥井は抱いていたようだ。しかも、これらは「もちろん全慶応」で仕切る（同記事）。さらに、三田文教地区は西

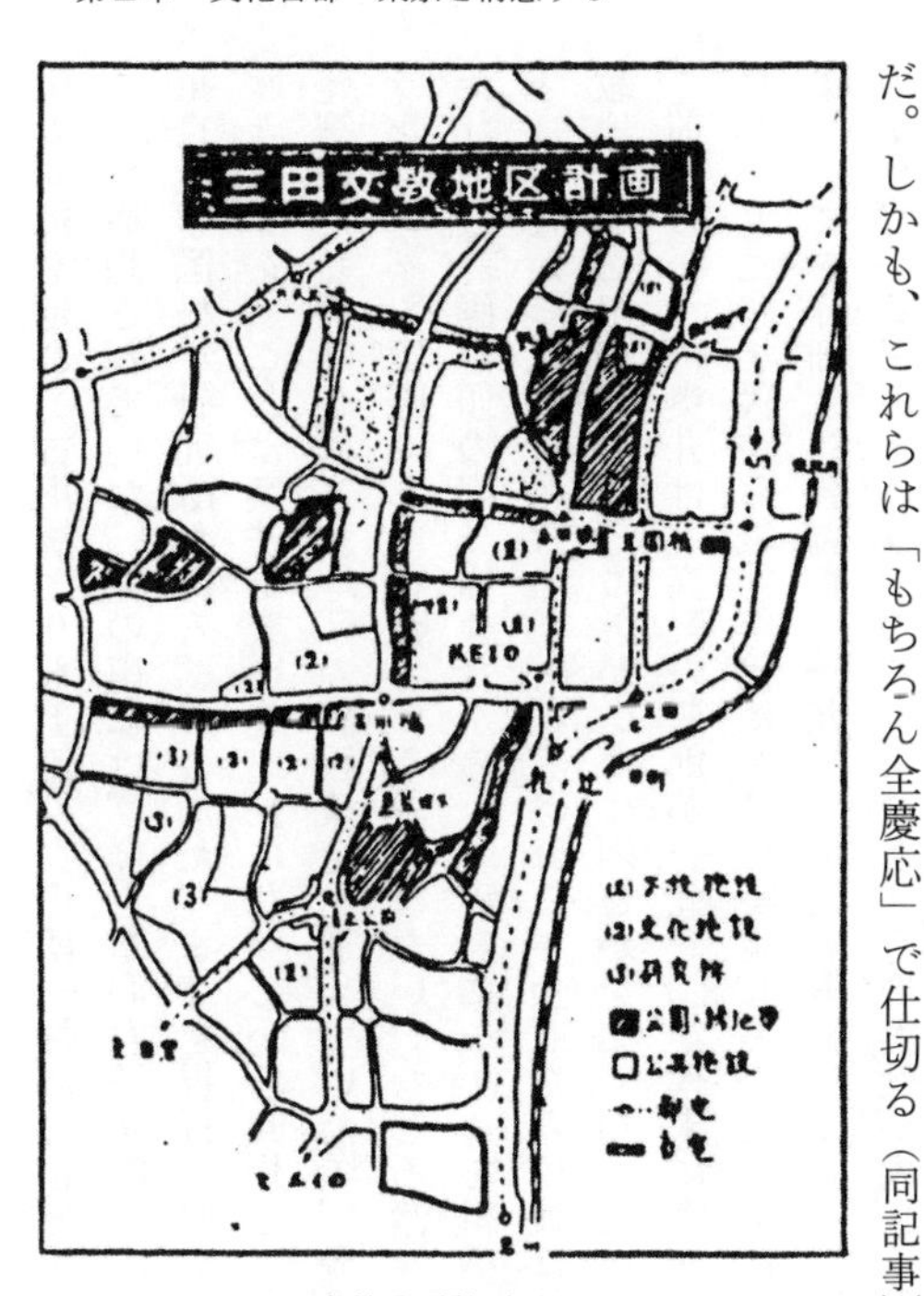

図２－６　三田文教地区計画
出所：『三田新聞』1947年11月30日.

南方向にも延び、古川橋よりも上流の古川南一帯に文化施設や研究施設を集中的に配置することも構想されていた。その南には、今も聖心女子学院が広い敷地を占め、これに隣接して東京大学医科学研究所がある。このあたりまでを視野に収めていたことになる。

とはいえ、これは奥井が慶應義塾長になってから回想していることで、敗戦後、他大学で建築家たちが熱心に文教地区の計画策定を進めていた頃、慶應チームがこのような壮大なプランニングを実際にしていたという証拠はない。むしろ諸々の状況証拠から、奥井はこうした壮大な計画を頭の隅で描きながらも、実際にチームを組織してプランニングに着手することはしなかったのではないかと推察される。なぜならば彼は社会学者として、このような文教地区を三田で実現することがいかに困難かをよく知っていたはずだからだ。

前述のように奥井は、高野岩三郎が一九一〇年代末に実施した「月島調査」や東京市社会局が一九二〇年代から三〇年代にかけて実施していた都市社会調査を意識しつつ、三田地区についての詳細な社会調査を一九三〇年代に実施している。この調査を通じ、奥井は一般に抱かれている三田という街のイメージと、その実態が大きく異なることを発見する。

もともと奥井が三田地区の調査に着手したのは、「「三田―慶應」との関聯に於いて、三田街に於ける慶應義塾の占むる勢力を検討」しようとしたからだった。ところが実際に調査を進めていくと、慶應義塾と三田の街との関係は想定していた以上に薄い、つまり早稲田が早稲田大学の学生街であり、神田が多くの私立大学の大学街であるといった意味では、三田は慶應義塾の学生街とは言えないことが明らかになった。たしかに慶應義塾には、すでに戦前から大学生だけで三千人がおり、小中学校や関連学校の生徒も入れれば、三田は大量の学生が通う場所になっていたが、「彼等の八割は省線（現JR山手線）を利用して通学する。従ってその居住地は三田と関聯を有たない。彼等の七割は三田で昼食をとる。之が三田街と学生との最も深い交渉点である。唯僅かに昼食時のみである。放課後の生活より見てその八割は銀座の愛好者であつて、三田は決して盛り場でない。我々の観察を以てすれば慶應義塾の三田に於ける勢力は世人の予期に反して著しく否定的である」という結論だった（奥井復太郎「学生街の社会学的考察」『都市問題』一九三六年七月号）。

つまり、学生たちの住まいという意味でも、彼らの盛り場という意味でも、三田は慶應の学生街ではない。住まいの面では、たしかに明治時代には三田が学生街になりかけた時期もあったようだ。奥井は慶應関係者の居住地の変化についても論じており、それによれば、キャンパス西北の綱町方面に集まっていた第一期、重心が西南の白金方面に移っていった第二期、そして東京西南に広がっていった第三期の三段階に分けられる。そして、この第三期以降は、「下宿、素人下宿、アパート等の如き学生が自から其の住所を決定し得る場合にあつても、其の地域は必ずしも学校の近傍でない」のである（同論文）。

奥井はさらに、このように慶應義塾が周囲に学生街を形成できない最大の要因が、キャンパスと道路の関係にあることも指摘していた。すなわち、慶應三田キャンパスは、すでに戦前から街の生活とは直接関係のない幹線道路に三方を囲まれていた。慶應周辺の街々は、これらの道路で大学キャンパスから分断されてしまっていた。そのため、「「山（＝三田キャンパス）」から下りた学生は「学校」を包む「空気」の中に融然ととけ込む事が許されない。……何間かの道路を隔てて向側に赴けばいいと云ふものの、それが既に此の際障害になつてゐるのである」。この道路による切断により、慶應の学生にとっては「学校の生活が、山下の三田街に延長される事がない」と奥井は断じていた（同論文）。こうした認識を前提にすれば、慶應義塾を中心に三田を文教地区にすることのハードルはきわめて高かった。奥井は戦後、三田の街全体をキャンパスと連続化させる構想を心に抱いてみたものの、現実にそれはまるで不可能なことをよく知っていたのだろう。

東京郊外での大学都市構想

さて、東工大が担当した大岡山地区の場合、郊外住宅地の真ん中に位置しており、東大や早稲田、慶應のような総合大学中心の計画とは異なり、「単科大学を核として居て、地区内の主要な文教施設である東京工業大学、昭和医科大学、都立高等学校（現東京都立大学）等がかもし出す学園都市の雰囲気は、文教地区としての迫力に乏しく、むしろ田園住宅都市のように思われる」と、計画者自身が認めていた。そこで東工大の計画チームは、大岡山地区を「田園都市を計画するというような方針で計画」したという（清家清「大岡山文教地区計画案」『新建築』第二二巻第一〇・一一号）。すなわち、彼らはこの文教地区を、東工大、昭和医大、都立大の三施設を結ぶ三角形を中心に計画しつつ、そこから周辺住宅地まで広げ、西は洗足池とその周辺の緑地、そこから小山、千束、大岡山、緑ヶ丘、奥沢、自由ヶ丘、八雲といった住宅地全体を結んで四七七ヘクタールの広域を文化地域としようとした。そしてこの地域の拠点として、洗足池に文化センターを、東工大と都立大の間にスポーツセンターを、昭和医大と都立大の間に商業センターを置くとしていた（図2-7）。

これらの地域は、大田区、目黒区、品川区、世田谷区の四区にまたがり複雑である。そして現在においても、たとえば洗足池と大岡山、自由が丘、駒沢オリンピック公園などが地理的に近接していることは気づかれていない。しかし、実際に歩いてみれば、これらの間は散歩できる距離なのである。この地域がひとまとまりの結びつきを持ってくれば、自由が丘の雰囲気に大学と公園緑地が加わり、一連の文教地区のなかで最もおしゃれな地区となっていただろう。特に重要なのは東工大と洗足池の関係で、計画では洗足池公園が拡張されて東工大と隣接するはずだった。ちょうど東大が不忍池と隣接するように、東工大も洗足池と隣接し、大学キャンパスが緑地と一体になることが想定されていた。

この大岡山文教地区構想を立案する学内委員会が東工大に立ち上げられたのは、一九四六年七月のことである。メンバーは学長の和田小六を委員長に、田辺平学、石井茂助、藤岡通夫、小林政一、山田良之助、佐々木重雄、二見秀雄、谷口忠、谷口吉郎などで、当時の東工大の改革ムードを背景としていた。全体の指揮をとったのは、一八九八年生まれとやや年長の田辺平学で、彼は建築耐震化の旗頭だった。建築系で最も年長だったのは、佐野利器の弟子で明治神宮外苑の建設にも関わった小林政一である。しかし、委員会の中核は、むしろ一九〇〇年代初頭に生まれた四〇代の教員たちで、著名な建築家谷口吉郎を筆頭に、二見秀雄と谷口忠は構造力学系の建築学者、藤岡通夫は建築史家だった。ここにはまだ清家清の名前がないが、一九一八年生まれの彼が東工大助教授になったのは四八年、明らかに一回り若かったが、この計画の最終的な取りまとめは清家が仕切っている。

戦後、石川栄耀が構想したのは、東京都心部における大学都市の形成だったが、大岡山が候補に加えられていたように、郊外の大学を中核とした田園都市形成が視野に入っていなかったわけではなかった。そして実は、アメリカに多くある大学都市の大部分は、郊外型の大学都市だった。東京でも、関東大震災で罹災したため一九二〇年代に神田から国立に移転した一橋大学は、国立の街全体を学園都市化していったのだし、東急電鉄からの寄付で慶應大

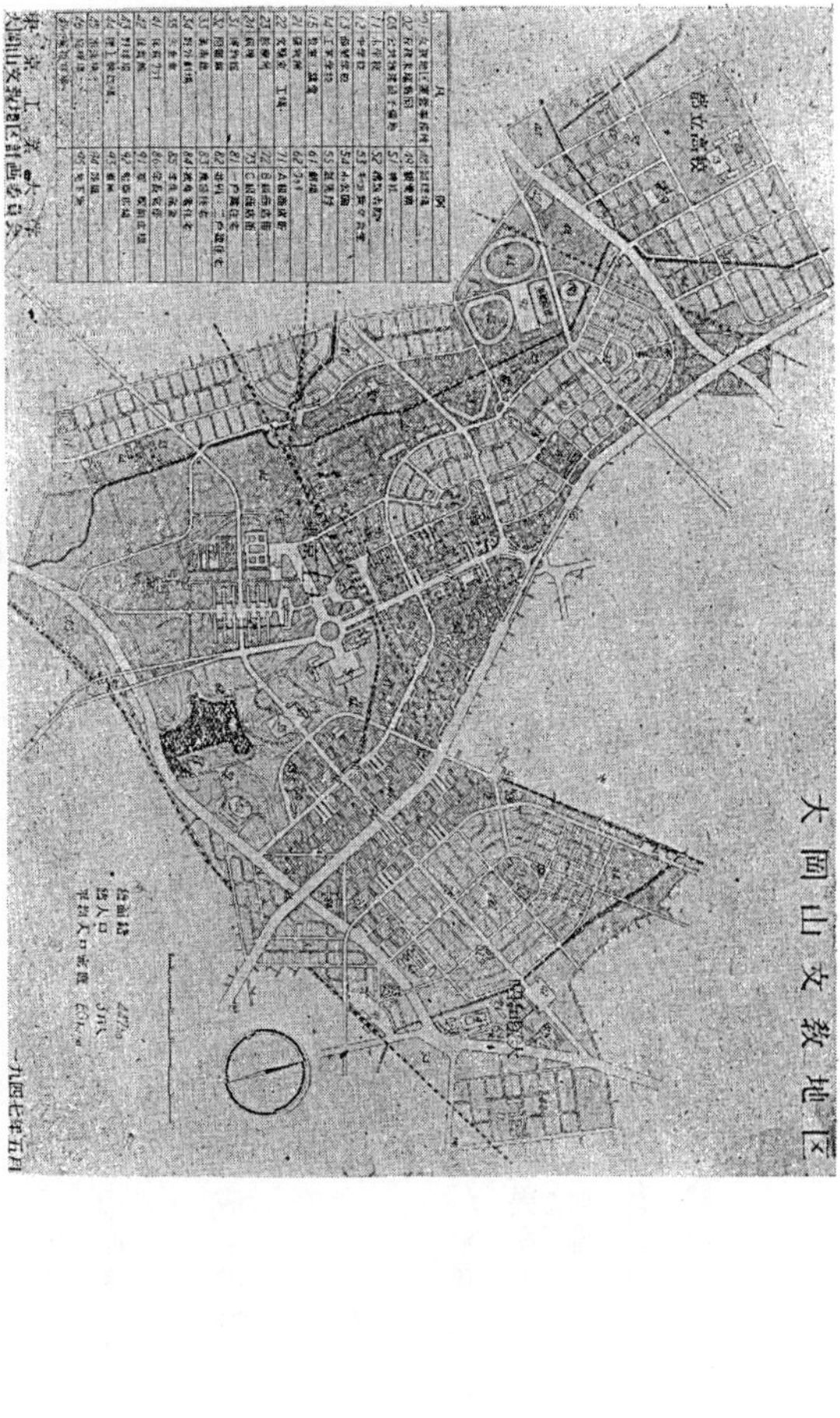

図2－7　大岡山文教地区計画図（東京工業大学建築学科）
出所：『新建築』第22巻第10・11号，1947年.

学日吉キャンパスが形成されたのも、同じ二〇年代末のことである。したがって、前述した東工大の大岡山へのキャンパス移転も、一橋大や慶應大のキャンパス郊外化と同じ流れのなかで生じていたことだった。そして、同じように戦前期、東京西郊では、東京女子大学、成蹊高等学校（後の成蹊大学）、成城高等学校（後の成城大学）などを中心にした都市形成も始まっており、アメリカ的な郊外型の大学都市形成が日本になかったわけではない。

これらの一九二〇年代からの東京近郊での大学都市形成は、現在ではそれぞれ成熟の域に達している。つまり、近郊型の文教地区は成功したと言えそうだ。しかもこれは、一九七〇年代以降に試みられた、多摩や筑波、相模原などのさらに遠い郊外への大学キャンパス移転が、結局は周辺地域に成熟した大学都市を形成していないのと顕著な対照をなす。

つまり、長い目で見るならば、国立や成城、吉祥寺などは大学との関係で街が発展した数少ない成功例であり、その対極には、都心で大学都市形成を目指しながらも成果を生まなかった文教地区構想と、はるか郊外への大学キャンパス移転が大学の都市からの乖離をもたらした諸例がある。「移動する自由」に共通の存立根拠を持つ都市と大学には、実は同じコインの表裏のような関係があり、両者は完全に切り離せるものではない。しかし、両者の距離をどうデザインするかには様々な方法があり、その答えは一様ではない。

大学キャンパスに都市を埋め込む

ところで、郊外型の大学と都市の関係で、最も野心的な試みをしたのは国際基督教大学（ＩＣＵ）である。やがてＩＣＵのキャンパスがその一部となる三鷹西の約六〇万坪の広大な土地は、戦中期に絶頂を極めた中島知久平率いる中島飛行機が先端技術開発のために設置した三鷹研究所の敷地だった。この敷地の北には同じ中島飛行機の陸軍用のエンジンを製作していた武蔵野製作所と海軍用のエンジンを製作していた多摩製作所が並んでいた。両者はやがて統合され、約二〇万坪の中島飛行機武蔵野製作所となる。中島飛行機は当時、ライバルの三菱重工や川崎航空機を凌ぎ、日本最大の航空機メーカーだった。

そして敗戦後、中島飛行機三鷹研究所の敷地の大部分が、一九五三年にアメリカのキリスト教諸団体のバックアップで創立されたＩＣＵのキャンパスへと移管される。より正確には、三鷹研究所六〇万坪の敷地のうち、ＩＣＵキャンパスとなったのは約四六万坪で、全体の約四分の三にあたる。他は中島飛行機の後身である富士重工（現スバル）三鷹事業所などの敷地に残された。このキャンパス用地には、三鷹研究所の主要な建物だった本館、機械工場、格納庫等が含まれており、本館はそのまま大学本館に、格納庫は体育館に転換される計画となった。この本館は今もＩＣＵ本館として使われているが、キャンパスのメインストリートと本館がちょうど直交するような位置関係になっており、今日、ＩＣＵキャンパスを訪れても本館の位置はあまり目立たない。ミッション系大学だから礼拝堂と図書館が重要だが、当初の予定では本館の左右に建設されることになっていたこれらの建物は、実際にはメインストリートの終点近くに置かれている。つまり結果として、中島飛行機三鷹研究所の主要施設は、現ICUの主要施設の脇に隠れるような形になっている。

　戦後に創立されたばかりのICUを導いていたのは、農学者の湯浅八郎である。父は政治家・実業家の湯浅治郎、母方の叔父に徳富蘇峰・蘆花兄弟がおり、湯浅家はクリスチャン一家だった。彼は青年期をずっとアメリカで過ごし、イリノイ大学で博士号を得ている。帰国後は京都帝国大学農学部で教えていたが、一九三三年の瀧川事件の後、同志社大学に移り、総長となるも軍部との厳しい対立のなかで三七年にその職を辞していた。一九三九年にアメリカに渡り、そこで戦中期を過ごした。戦後帰国すると、アメリカのキリスト教団体との強いネットワークを背景にICUの初代学長となる。つまり湯浅は、同じキリスト教徒だった南原繁や矢内原忠雄と比較しても、はるかに徹底したアメリカ仕込みで、同時に約一〇年間の京都帝国大学教授としての経験も持っていたから、そうした日本の「帝大」とアメリカの「カレッジ」の根本的な違いを理解していたと思われる。

　そして湯浅の下で、中島飛行機の主要な建物を引き継ぐのを主導したのは、アメリカ人宣教師で建築家のウィリアム・メレル・ヴォーリズである。何よりもこれらの建物はまだ新しく、巨大だった。本館の場合、仕切り壁もなかったので、大学の用途に合わせて自由に空間を分割することができた。格納庫も巨大な建物であり、ヴォーリズはここに、三つの体育館や室内プール、室内サッカー場等々を設けようとした。彼からすれば、これらの全学の中枢とスポーツ施設の他に、祈りのための礼拝堂と読書のための図書館が新たに建設されることで、カレッジの骨格ができ上がるはずであった。ヴォーリズはさらに、学生寮と教員家族用住宅をキャンパス内に建設することに強い意欲を示していた（図2-8）。

しかし、ヴォーリズによるＩＣＵのキャンパス計画で最も注目されるのは、彼がここで狭義の高等教育施設というにとどまらず、都市コミュニティそのものの実現を目指していたことである。彼は、大学キャンパスの中心には、シビック・センターを設置しなければならないと主張していた。このシビック・センターでは、市場の取引から、郵便局、旅館、床屋、修理屋、銀行、各種商店の経営を大学院生たちが担うことで、大学は彼らが社会で活躍する準備となる実習機会を提供するのだとされた。さらに農学部は、学生寮や教員住宅で必要となる食料品を自ら生産し、工学部はキャンパス内に計画された施設の設計と建設を担う。音楽学部は近隣に文化を広めるためにコンサートやリサイタルを開催していくべきとされていた（三菱地所設計居住技術研究所『国際基督教大学歴史調査報告書』二〇一一年三月）。

ここに示されているのは、高等教育機関としての大学という以上に、周辺地域全体を、大

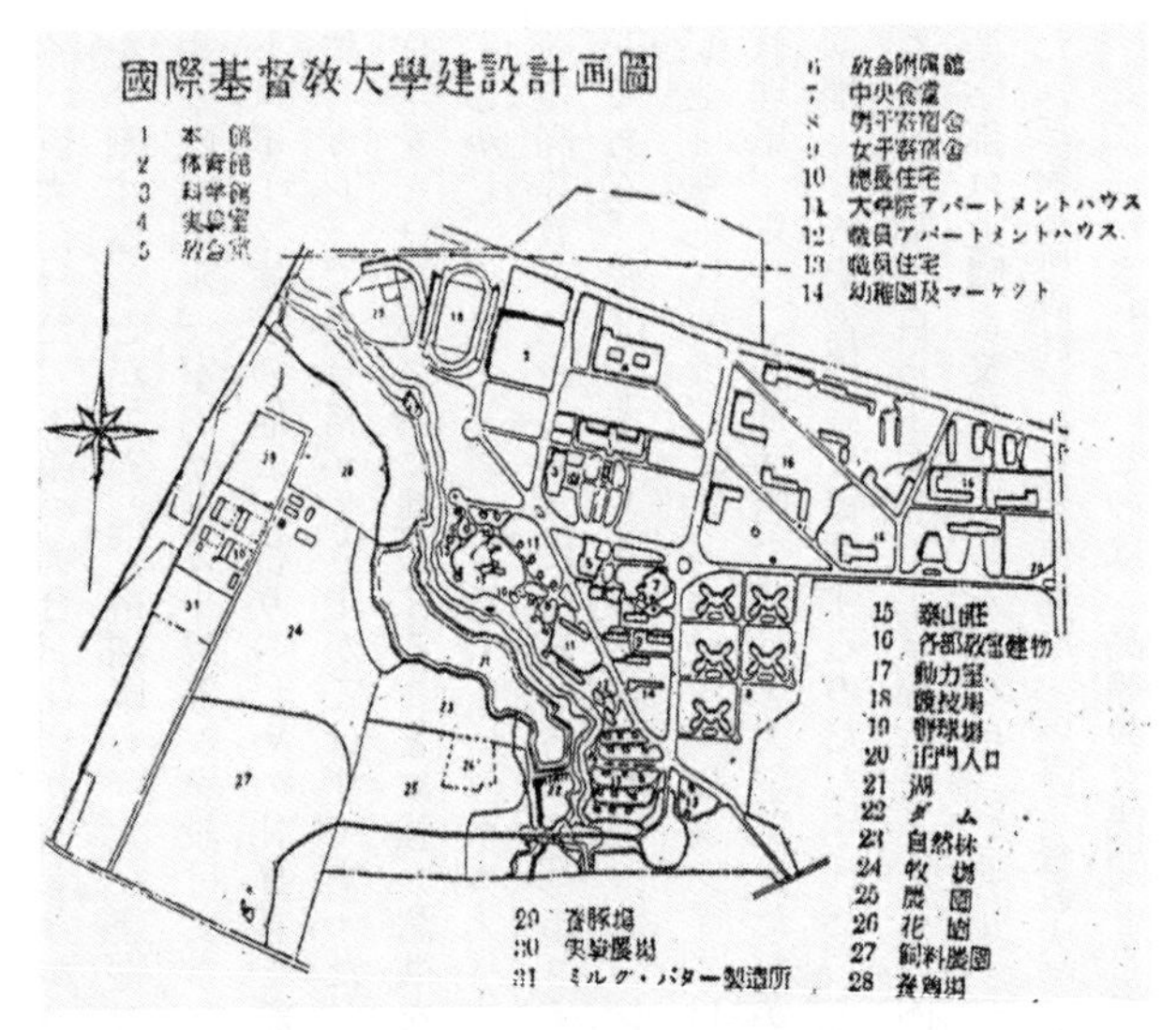

図２－８　ヴォーリズによる国際基督教大学（ICU）キャンパス計画
出所：三菱地所設計居住技術研究所『国際基督教大学歴史調査報告書』2011年.

学を中核とする文化都市として発展させていく都市計画的な発想である。ＩＣＵのその後の歴史では、このシビック・センター計画が、姿を変えてディッフェンドルファー記念館になっていったのではないかと想像される。だが、実現したのはむしろ学生会館的なもので、周辺地域を含めた大学都市の商業的・社会的中枢といった施設とは異なるものだった。

　創立期のＩＣＵのキャンパス構想は、戦後東京の脱軍都化が生んだ空白を利用して生まれていた多くの大学キャンパスのなかで、既存の大学施設をそこに移設するという以上のラディカルな可能性を標榜した例である。ＩＣＵ以外の大学では、キャンパスの広さにも限界があり、大学の概念そのものに革新があったわけではなく、郊外でのキャンパス形成がいかなる都市的意味を持つのかはあまり考慮されなかった。ＩＣＵの場合、他大学よりもはるかに広いキャンパスを得ていたことに加え、大学の概念が戦前からの日本の大学や専門学校とは異なり、純粋にアメリカ的なカレッジの概念の導入であったため、少なくとも構想としては大学の中核に都市を形成していく可能性が標榜されていた。

大阪市大の大学都市構想と高等教育の分散的再配置

以上で論じてきた大学都市構想には、ある共通点があった。それは、戦後の大学におけるリベラルアーツ教育の重要性についての強い信念である。なかでも東大とＩＣＵの大学都市構想と戦後大学でのリベラルアーツ教育導入の間には、キリスト教的な大学観を背景にしていた点で明白な共通性があった。ＩＣＵの湯浅八郎やヴォーリズと東大の南原繁や矢内原忠雄は、大学人であると同時にキリスト教徒である。彼らは新島襄（にいじまじょう）や新渡戸稲造、内村鑑三に連なる近代日本のキリスト教知識人の流れのなかにあり、彼らの戦後の大学構想は、古くは中世西欧にまで遡るキリスト教的大学概念と切り離せないだろう。

他方、これらの大学都市構想は、敗戦直後に日本の大学人が都市との間に形成しようとしていた、より広い集団的構想力の一部であったとも考えられる。東京から離れるなら、大阪で南原繁の文化国家と大学都市の構想に対比できる考えを表明していた人物に、大阪市立大学創立者の恒藤恭（つねとうきょう）がいる。広川禎秀（ひろかわただひで）によれば、恒藤は「「文化国家」の言葉が、敗戦による武力の喪失、産業力の弱体化のもとで、いわば消極的に国家理念として浮上した状況を指摘し、それさえ経済危機、経済的窮乏のもとで「贅沢（ぜいたく）」、「無意義」という否定的主張により押し流されかねない現状、要するに「文化国家」に第二義的意味しか認めない現状があることを指摘」していた。そうした時流に対し、恒藤は、日本国民が理想としての「文化」の積極的意義に気づくことがどれほど本質的に重要であるかを訴えようとした。

彼にとっては、その拠点が大阪市立大学であったわけだが、同時に彼のこの文化概念は、精神文化と物質文化を二分法的に捉えることを批判していた。彼は、物質的な生活環境そのもののなかにも文化が存在すると考えていたから、戦後日本にどのような文化都市を構築していくのかは重要なテーマだった。恒藤の現場は関西で、彼は大学や図書館、文化施設と大阪や京都の街づくりの関係について多くの提言を行っていく（広川禎秀「戦後初期における恒藤恭の文化国家・文化都市論」『都市文化研究』第二号、二〇〇三年）。

だが他方で、戦後の文教地区計画には、占領下の日本で、大学と首都、さらに国土の関係について思い描かれていた将来像の、もう一方の系譜も垣間見える。実際、南原らが東京で推進しようとしていた文教地区構想は、同時代の国土構想とも深く結びついていた。羽田貴史（はたたかし）は戦後大学改革の誕生について論じた労作で、首都東京における文教地区構想と全国的なレベルでの大学の地域的配置政策の結びつきを鮮やかに浮かび上がらせている。

それによれば、一九四五年一二月以降、文部省の戦後大学改革と内務省の戦後国土計画の間には接点が形成されていた。まず、内務省は四五年一二月、関係省庁の局長に戦後の「国土計画基本方針」等についての説明をしていくが、そこには学校の配置計画や学園都市の建設計画についての事項が含まれていた。この動きを契機に文部省は、四六年一月に設置された臨時教育施設部を中心に国土計画に対応した「学校配分基本要綱」を作成するのだが、その要綱には南原らの文教地区構想もまた含まれていくことになった。すなわち、同要綱では、「地方文化の昂揚（こうよう）および産業発展の基礎となるよう」大学や高等専門学校を分散配置するとともに、大都市の「都市計画はなるべく文教地区の設定を考慮し、教育上好適な環境を保持」するように促していた。つまり、高等教育機関の地方分散計画と文教地区の建設が表裏をなしていくのである（羽田貴史『戦後大学改革』玉川大学出版部、一九九九年）。

一九四七年に入ると、国土分散計画と文教地区計画は、戦後教育改革で中枢的な役割を果たした教育刷新委員会でも取り上げられていくが、まさにこの教育刷新委員会こそ、南原繁が戦後大学改革に強力なリーダーシップを発揮していた主舞台だった。同年三月二八日の教育刷新委員会第二九回総会では、前述の施設部から学校配分計画と文教地区設置計画についての説明があり、「文教地区の設定を東京都などで進めており、これを全国的に展開する方策を立てる必要があること」が強調されたらしい。そして、この流れのなかで文部省は、教育刷新委員会に特別委員会を設け、学校教育施設や図書館、博物館などの社会教育施設、さらに研究機関や体育施設を国土にどう再配置するか、またその配置において文教地区をどう位置づけるかを議論していこうとしていた。同総会で佐野利器は、文教地区と文教施設の国土再配置に関しては、内務省による国土計画からの動き、戦災復興院による動きがすでにあり、これに対応して文部省＝教育のサイドからも国土計画や都市計画に向けた動きを起こしていくべきだとの提案をしていた。

羽田はさらに、こうした大学の地方分散化計画が、一方では各種高等教育機関を一律に新制大学とすることによる旧帝大の特権排除と同様、占領軍によって進められた戦後民主化政策の一部であっただけでなく、他面でそれは、戦中期に企画院を中心に推進されていた分散的な国土計画の延長線上にもあったとしている。すなわち、企画院が一九四三年に策定した計画案では、「学校其の他の文化施設の過大都市集中を矯正して地方文化を向上開発し過大都市人口の疎散に寄与」すべく学校建設地区を国土に分散配置することや、そうした地区のなかでも「特に環境良好なるものを選びて学都とし高等諸学校数校を配置して其の地方の教育及文化の中心地」にしていくことが目指されていた。そして、この学部の候補地には、札幌、弘前、盛岡、仙台、西那須野、東京などの二一の都市と五一の学校建設地区が選ばれていた（同書）。つまり、「高等教育の地方分散への志向は、戦前日本において、総力戦体制の一環たる国土計画のなかにそもそもの原型がある」のである。

本章では、石川栄耀によって構想されていく文教地区構想の原型が、彼の皇国都市論にあったことを確認した。石川は戦中期から、東京にある大学の第二学部を、太田、前橋、鹿島、越生、箱根などに分散配置し、それらの学部を拠点に文教基地を形成することを提案していた。しかも、そうした学部の周囲には、研究所や美術館、博物館、図書館、コミュニティ・センターと神社、学生クラブを配置し、大学都市を文化都市に発展させようともしていた。言うまでもなく、これはまさしく戦後に表裏一体のものとして策定されていく文教施設の地方分散と全国的なレベルでの文教地区建設構想の原型をなすものといえる。戦中期に構想されたこれらの文化都市の地方分散は、その概念的な中核を「皇国」から「リベラルアーツ」に置き換えつつ、都市計画的に連続していくのである。

このように戦災復興計画のなかの文教地区構想は、戦中期からの連続性と戦後的なリベラルアーツとの結びつきを両面的に持ち、しかも単なる都市計画という域を超えて、国土計画としての展開可能性を含んでいた。だがそれは、実際にはほとんど戦後の都市景観に具体化しないまま幻の計画で終わる。ここで抜け落ちていたのは、地権や既得権益、様々な行政的しがらみを都市計画がどう具体的に突破するかという生々しい政治手腕だった。文教地区計画に関わった若手建築家たちの座談会で、一人の発言者はこんな批判をしている。

> （人々は）『焼けた焼けた』と云つているが、地上の建物は焼けても、土地はすこしも焼けていない、権利と云うものが幾重にも重なつていて、土地の所有者も、家を建てる権利を持つ者も、どうにもならない状態である。区画整理は何のことはない最小画地の製造であり、スラムが出来るばかりである。画地の数をへらすことから始める必要がある。土地を公共の利益と云う事から考えるのでなくては、いくら立派な計画図案を作つても実現しない……
>
> （中村登一他、前掲記事）

他方、一連の文教地区計画に示された大学と緑地、都市の関係をめぐる構想力には学ぶべきことが多い。もしも東京大学と上野公園、湯島の社寺会堂と小石川植物園や後楽園が一体化し、緑のなかに開かれた大学キャンパスと美術館や博物館、神社や聖堂、植物園や庭園が街路で結ばれる都心が誕生していたら、その後の東京の文化的価値をどれほど上げることができたであろうか。あるいは東工大による計画が目指したように、洗足池公園と大学キャンパスが一体化し、医科大学や都立大学も含めた学園都市にこの一帯がなっていたら、大田区と世田谷区、目黒区を跨ぐもう一つの大学都市が出現していたことになる。

一連の計画は単に、各大学と周辺地域が「社会連携」するといった、小手先細工的なものではなかった。もっとはるかに広い範囲を対象とし、大学キャンパスと公園緑地をつなぎ、周辺の文化施設や国際化のための施設、街路、交通網全体を作り変えていこうとする計画だった。ここに示されていた構想力の由来をたどり直すことは、衰えきった私たちの都市への思考の潜在的な可能性を、歴史のなかで再発見する糸口にはなるに違いない。

第Ⅲ章

より高く、より速い東京を実現する

丹下健三研究室による「東京計画1960」の全体模型．出所：『新建築』第36巻第3号，1961年．

1　東京計画1960と拡張する東京——丹下健三の戦後計画

丹下健三における直交する軸線

南原繁らによる文教地区構想で、丹下健三が描いた地域のグランドデザインをよく見ると、そこには当時も今も実際には存在しない二本の直線状の並木道が計画されていたことがわかる。一本は、東京大学の正門から真っ直ぐに延びて本郷通りと直交し、白山通りに至る並木道である。その至った白山通りの正面には、かなり大きな陸上競技場が計画されている。もう一つは、本郷通りとはほぼ平行に、東京大学の龍岡門（たつおかもん）から真っ直ぐに延びて春日（かすが）通りと直交し、医科歯科大学のキャンパスを突っ切ってお茶の水に至る並木道である。この二本の並木道は、東大本郷キャンパス構内で直交するかのような位置関係にあり、丹下のデッサンでは、龍岡門の手前や大学構内に入ってすぐのあたりに大きな空地が描かれていたから、ひょっとすると、そこに何らかのモニュメンタルな建築が可能と考えていたのかもしれない。実際、後にそのあたりに丹下の設計で東京大学の第一、第二本部棟が建てられるのだが、これらは予算上の制約からかモニュメンタルとは言えない機能的建築で終わっている。

注目すべきは、この敗戦直後の文教地区構想のデッサンにおいてすら、丹下は直交する並木道の座標軸をしっかり図面に書きこんでいたことである。こうした明瞭に直交する軸線による都市のデザインは、最初から最後まで丹下の都市計画に一貫したものだった。たとえば、丹下の最初の大規模な都市構想は、一九四二年、佐野利器を委員長とする大東亜建設委員会が募集し、彼が一等を獲得した「大東亜建設記念造営計画」である。この案で丹下は、東京と富士山の裾野（すその）を一時間で結ぶ大東亜道路を建設し、これを主軸に富士山側に巨大な神社風の都市域を造営しようとした。重要なことは、その巨大な建築の神社風デザインよりも、丹下が最初からその建築を、高速道路を軸線とする都市域のスケールで考えていたことだった。

戦後、丹下の代表作となる広島平和記念公園には、井上章一（いのうえしょういち）が明らかにしたように、この戦時期のデザインからの明白な反復が見られた。すなわち、平和記念公園の南側に配置された平和記念資料館と平和記念館、公会堂の三棟は、大東亜建設記念神域での三棟からなる神殿配置の反復だった。いずれの場合も、三棟を底辺とする二等辺三角形の頂点には、平和記念公園では慰霊碑が、大東亜建設記念神域では遥拝のための施設が配置されていた。そして、この三角形の底辺から頂点に向けて垂直に延ばされる都市軸をさらに延長すると、その先は大東亜建設記念神域では富士山に、平和記念公園では爆心地の原爆ドームに達した（井上章一『アート・キッチュ・ジャパネスク』青土社、一九八七年）。

丹下の都市デザインにおけるこうした軸線の強調は、彼の「東京計画1960」でも発展的に反復されていく。大東亜建設記念神域計画で富士山に、広島平和記念公園で原爆ドームに与えられていたのと同じ象徴的中心としての位置は、「東京計画1960」では皇居に与えられる。そして皇居から東京湾方面に線状都市の軸を延ばし、東京湾を跨ぐと木更津に行きつくことになる。計画では、この直線的に延び、東京湾に浮かぶ巨大な線状都市で何百万という人口が居住し、首都東京の主要機能が営まれていくはずだった。

以上のように、一九四〇年代から六〇年代まで、丹下の都市構想では同じ軸線に貫かれた構造が反復されている。丹下の下で八〇年代から九〇年代まで都市設計を担当してきた苅谷哲朗は、丹下の都市計画で象徴的な中心を原点とする都市軸の設定がいかに一貫して根本的な役割を果たしてきたかを跡づけている。苅谷によれば、すでに大東亜建設記念神域計画でも、丹下は富士山を都市軸の象徴的発端とするだけでなく、「都市軸をなす道路は、手前の丘陵地を一直線にトンネルなどを用いて視界の変化を与えながら、象徴的にデザイン」されていた。広島平和記念公園では、新たに計画された一〇〇メートル道路と原爆ドームを垂直に結ぶ直線が都市軸となり、その軸線上にすべての施設が配置されるはずだった。「東京計画1960」は、皇居を発端とした直線的な構造を示し、この軸線は「21世紀までに、東京湾の洋上に、その（東京の）都市像が成長発展をしてゆく可能性を例示」していた。

さらに東京オリンピック後、一九八二年のナポリ新都心計画では、設定された三つの都市軸のすべてが象徴的な発端としてのベスビオ火山に向けられていた。同様の象徴的な発端から延ばされる都市軸は、九〇年代に丹下が取り組んだ都市計画の根幹をなしており、一九九三年のパリ・セーヌ左岸計画では、パリ市役所が象徴的な発端となり、右岸におけるルーブル－エトワール広場（凱旋門）－デファンス（新凱旋門）の都市軸に、「パリ創成期そして現在の地理的政治的象徴的中心であるパリ市庁舎を象徴的発端として」左岸の都市軸を対置させる企図が込められていた。さらに丹下晩年のローマ新都心計画（一九九四年）では、「サンピエトロ寺院を発端に、現ローマ市庁舎のあるカンピドリオ広場、コロッセオ、サンピエトロ寺院の先代の旧教皇座聖堂ラテラノ寺院を通る軸で、丹下の提案した新ローマ市庁舎街の人工地盤に至る」ことが目論まれていた（苅谷哲朗「丹下健三の都市軸構想と階層構造法に関する考察」『日本建築学会計画系論文集』第七九巻第六九六号、二〇一四年）。

これらの丹下の都市デザインにおいて、「分散」のベクトルと「集中」のベクトルは両義的だった。たしかに戦中期の大東亜建設記念神域は、東京から富士山麓に向けて高速道路を建設して首都機能を移転させる構想を含んでいたから、首都機能の分散に重心が置かれていたと言えなくもない。これに対し、「東京計画１９６０」は房総半島に向けて首都機能の一部を移転させる構想を含みながらも首都東京の巨大化に力点があった。総合すると、戦中期のデザインは同時代の基調だった地方分散化に表向きは従っていたが、本質的には丹下は首都東京を彼の考える軸線上で巨大化させていくことに関心があったように見える。

そうした意味で、丹下は石川栄耀のような大都市機能の地方分散論者であったことはない。文教地区構想における丹下のデッサンは、実は最初から構想が想定していた地域的なコミュニティの限界を突き破り、はるかに広域的な大都市圏を一元的な意志の下に統合していくベクトルを内包していたのである。丹下がしたたかに図面に書き込んでいたいくつかの軸線は、歩ける程度の広がりで生活圏をまとめていこうとする構想を内側から崩してしまう可能性を含んでいた。そしてやがて、石川の分散的な都市計画や文教地区構想が挫折していくなかで、丹下のこの拡張主義は本性を露わにし、時代を支配していくのである。

東京計画1960

戦中期から丹下が都市に対して抱いてきたビジョンは、彼が一九六一年に発表した「東京計画１９６０」に集約されている。クレール・ガリアンは、この丹下の東京計画は「専門家の間で世界的反響を呼び、東京、さらには日本各地で多くの開発プロジェクトが立案される際に刺激を与えた」という（石田頼房編『未完の東京計画』ちくまライブラリー、一九九二年）。なぜなら、それまで世界の諸都市で実施されてきた都市計画は、「決まってコントロールしきれない土地問題と、インフラストラクチャー（都市基盤）の整備を上回って増大する交通需要の問題」にぶつかってきた。そして多くの場合、それらは「大都市の開発区域の物的限界を予測し、人口集中の制御を目指」した。石川栄耀の戦災復興計画は、まさにそのような膨張を制御するために、大都市の地方分散を企図した。ところが丹下は、この「東京計画1960」で、むしろ東京がそれまで限界と考えられてきた水準を超えて拡張するのを許容し、そのメガ化した超巨大都市に対応する空間構造をデザインしようとしたのである。

丹下が「東京計画1960」で提起したのは、「1000万都市」としての東京のあるべきかたちである。一九六〇年代初頭、東京の人口は一〇〇〇万人を突破する。それが目前に迫るなかで、丹下は巨大化し続ける東京に、どのような「かたち」を与えるべきかを示そうとした。丹下は、東京が抱える諸問題の根本は、「ますます発展しようとするこの生命と、老化した都市の物的構造」の矛盾であるという。前者は成長する右肩上がりの経済、後者はこの都市の江戸以来の伝統的な空間秩序に代表される。したがって、丹下の目標は明確であり、「古い東京の都市構造を、新しい生命活動を可能にするシステムに変革していくこと」

だった（丹下健三研究室「東京計画――1960」『新建築』一九六一年三月号）。

この計画で丹下が主張したのは、巨大都市東京のインフラ整備への徹底した投資である。ここにおいて、彼は戦災復興を文教地区建設や地方分散的な地域形成で考えていた石川栄耀とは正反対の立場に立っている。彼は、「1000万都市」としての東京は、日本の全生産力、全経済活動の集中点であり、この東京集中は、「文明の進歩と経済の成長とともに、必然的に発展していく」と考えていた。丹下によれば、それを証明するのがこの都市への資本の集中で、一九五一年に三九・五％だった東京への株式の集中は、五七年には四二・四％に達していた。この集中は、人口の集中をはるかに上回っているが、東京への公共投資はこの比率よりもはるかに低い水準にとどまる。これに対して丹下は、東京への公共投資を拡大し、ここに巨大都市化のためのインフラを整備すべきだと考えていたのである。

丹下の考えでは、この巨大な人口や資本の集中にあっても東京が機能不全に陥らない空間構造は、これまでのような求心的・放射状のシステムではない。それらは、一〇万都市、一〇〇万都市までならば有効でも、「1000万都市」には不向きなのだ。むしろ、都市機能が高速で結ばれる時代の巨大都市では、「線型平行射状」の構造こそが「都市・交通・建築の有機的統一」を可能にする。すなわち、単一の中心に向かって諸機能が求心配置されるのでも、それらが多核心化していくのでもない。巨大な軸線に沿って、諸機能が直交方向に並行的に延びていくのである（章扉）。そうすることによって彼は、「あらゆる機能間の最短距離連絡」を「この線上の運動」によってもたらそうとした。

つまり、丹下が重視したのは東京における流動性の拡大である。この拡大し続ける流動に対応するには、「都心という概念を否定して、都市軸という新しい概念を導入する」しかない。求心的な「閉じた系」を否定し、「線型発展を可能にする「開いた系」」に東京を転換すべきである。この都市軸は、最初から始点と終点が決まっているのではない。いくらでも延伸可能である。そのような都市軸の上を、五〇〇万人から六〇〇〇万人の人が日々移動することを丹下は想定していた。丹下によれば、これは「コンベヤーのように、動いている軸」であって、「この流動こそ、東京が本質的に必要としているもの」なのだった。

この都市軸の延伸方向として、最も将来性があるのは東京湾上である。なぜなら、「東京湾上では建設のコストは地上に比べて高くつくであろうが、しかし投機的妨害がもっとも少ない」からだ。すなわち、「利権に汚れていない海上に、空間価値を生産してゆくことは、新しい希望をわきたたせる」のであり、「この海上では、土地から解放された新しい都市のありかたが、生まれてくる」と丹下は期待している（同書）。

このように成長を続け、巨大化する東京に新しい形態を与えるために、東京湾上に大規模な都市を建設しようという考えは、決して丹下に限られなかった。むしろそれは、当時のメタボリズム建築家たちの多くが抱く夢のようなものだった。丹下に先駆けて一九五九年、菊竹請訓はエネルギー関係の設備が組み込まれた海上地盤に住居ユニットを接続していく「海上都市」構想を発表しており、このアイデアは後に沖縄国際海洋博覧会のアクロポリスで実現していく。また同年、大高正人は「海上帯状都市」と呼ばれる人工地盤を海上に拡張していく新都市の提案をしていたが、これも後に香川県坂出市の人工地盤に具体化されていく。

とはいえ、こうした個々の建築家によるプラン以上に、当時、東京湾埋め立ての具体的計画として提案されていたものに、産業計画会議による「ネオ・トウキョウ・プラン」があった。同会議は電力業界のドンのような存在だった松永安左エ門が主宰したシンクタンクで、一九五〇年代半ばから多くの政策提言を行っていた。彼らが一九五九年に発表した東京湾埋め立て計画は、東京湾の陸地近接部の約四億平方メートルと湾内中央部の約二億平方メートル、つまり東京湾全体の約三分の二を、東京の工場用地や住宅地などの拡張のために埋め立ててしまおうというもので、東京湾の実質的な陸地化を狙っていた（図3-1）。

それによれば、東京は「一方において発展に伴う工場と住宅との敷地の不足、他方において人口の増加と交通の混乱。この板ばさみとなつてあえいでいる」のが現状だが、「東京には、10億平方メートル（3億坪）の海域を有し、近代的な巨大な船舶の出入にも便利な良港の建設に適し、しかも遠浅で経済的に埋立地を造成し得る東京湾がある」。だからこの湾を

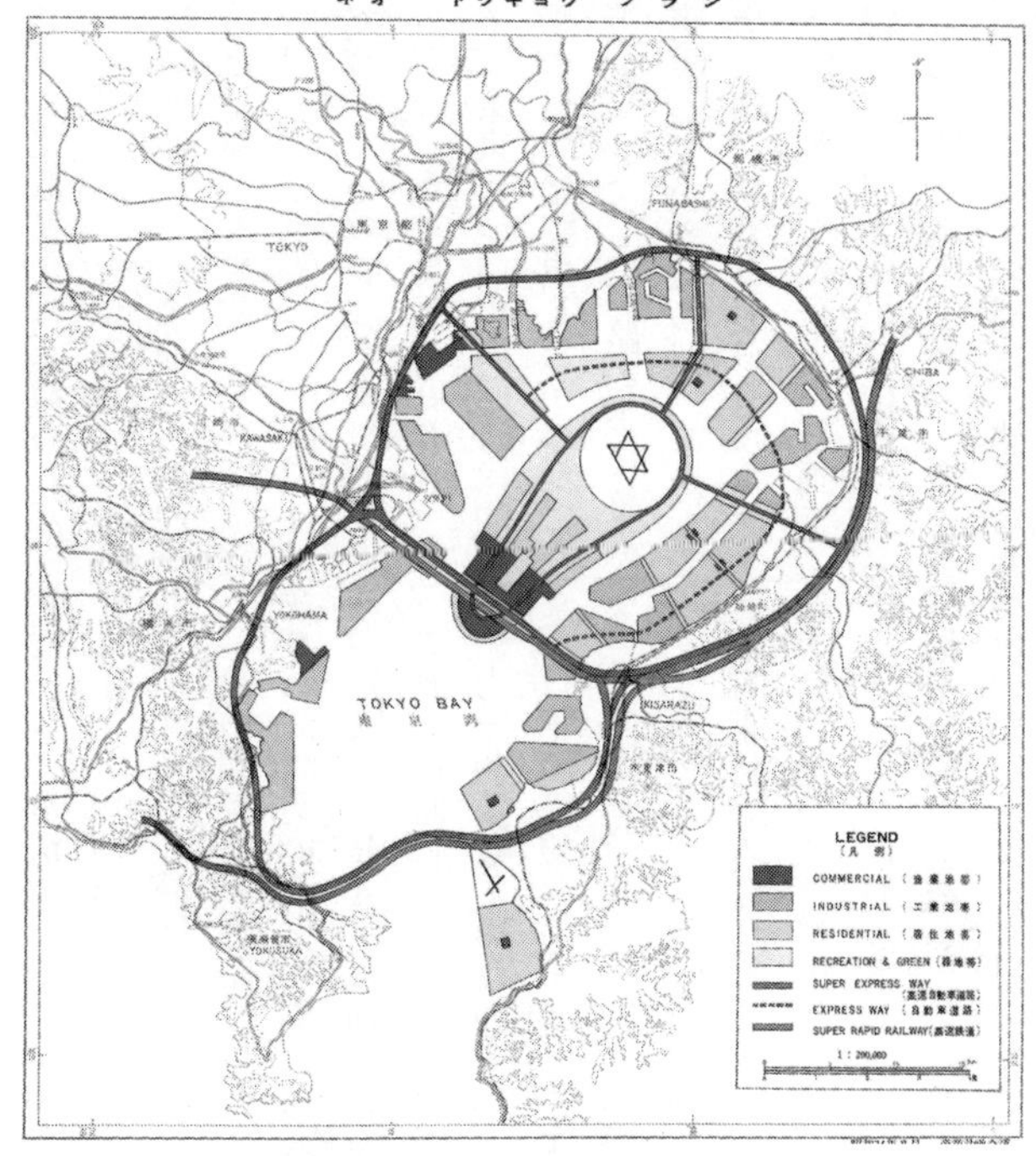

図３－１　「ネオ・トウキョウ・プラン」の東京湾埋め立て計画
出所：産業計画会議編『東京湾２億坪埋立についての勧告』ダイヤモンド社，1959年.

埋め立ててしまえば、複雑な諸問題を一挙に解決することができると主張されていたのである。そのプランを見ると、工事は一五年先までの第一期とその先の第二期に分かれ、第一期には晴海沖から船橋沖、千葉沖、木更津沖までの沿岸一帯が何層にも厚く埋め立てられ、東京湾は川崎と木更津、及び横須賀と富津の間が横断道路でつながれることになっていた。そして、その先の第二期計画では、残された湾奥の中央部に、巨大な陸地が出現することになっており、その姿はまるで大友克洋の『AKIRA』に描かれるネオ東京に酷似していた。

丹下の「東京計画1960」は、これら同時代の様々な東京湾への拡張計画を代表するもので、東京についての同時代的な構想力と共振していたのである。だからこそ、それはそのままの形では実現しなかったにせよ、丹下の構想のすぐ後で、よく似た発想から山田正男は「地上権のない」水路の上に縦横に首都高速道路を建設し、彼の考える「高速道路の東京」を実現していったのだ。「速い東京」を実現するため、地上権のない水上の開発を優先する発想には、丹下と山田ではっきりと相同性が認められる。

実際、たとえば丹下の計画で、陸上側の都心部の都市軸では、市ヶ谷付近の外濠上空と東京駅上空に巨大な吊り橋式のインターチェンジが建設されることになっていた。都心部ではこの二か所で地上交通と上空の都市軸の交通が接続し、これら以外の地域の高速道路は、地表四〇メートルの高さに建てられた巨大な柱によって吊られる計画だった。東京オリンピックの際の代々木オリンピック競技場の吊り構造は、この巨大な高速道計画のための実験だったのではないかとすら思えてくる。地上四〇メートルの高さだから、当時の市街地の多くの建物の上空を高速道路が通っていくことになり（落下したら大惨事となる）、丹下の考えでは、いちいちその道路下方の土地を取得する必要もなく建設は容易であると論じていた。

メタボリズム的都市と「土地からの解放」

丹下は他方で、この都市の巨大な膨張が、経済の第三次産業化によってもたらされていると考えていた。すなわち、「政治、行政、金融、生産・消費管理、技術開発、コミュニケーション、これらはすべて相互に緊密に結びあうことによって、一国の経済の流通過程を形成している」。それを可能にしていくのは、「技術革新がもたらしつつあるコミュニケーションの、目に見えないネットワークによって結ばれている組織である。いつなん時でも、いかなる組み合わせの機能と機能、人と機能、人と人とをも、即時に組織しうる可能性をもった、開かれた組織である」。この組織はネットワーク状のもので、「あらゆる階層で、あらゆる領域で、組織が結節し、分解してゆく。多くの浪費をへながらも、この組織活動がすべてを決定し、知恵を創造し、価値を生産し、それを世界につないでいる」（丹下健三研究室「東京計画――1960」）。

したがって、未来の東京をデザインする基本思想は、単に「1000万人」を収容できる規模にあるのではなく、その「1000万人」の活動が「相互にコミュニケイトし、綜合機能を創造しうる可能性をもった一つの開かれた組織」を設計していくところにある。その後の議論との関係でいえば、丹下の東京計画の基本思想は、一九八〇年代以降に語られていく「情報都市（Information City）」論や「世界都市（Global City）」論の文脈につながる。

実際、無数の都市機能と人口が流動的、多核心的に結びついていく上で、ますます決定的な役割を果たしていくのがコミュニケーション・メディアであることに、磯崎新（いそざきあらた）や黒川紀章（くろかわきしょう）を主要メンバーとする丹下研究室の面々は注目していた。彼らは、「電話、ラジオ、テレビ、さらに近い将来、携帯電話、テレビ電話などと、間接的コミュニケーションの手段はますます発達してゆくであろう。これらは現代の社会形態、さらに生活構造とその意識を変貌させてゆくであろう」と考えていた。そして、これらのメディアによる「間接的コミュニケーションの発展はますます直接的コミュニケーションの要求と必要性を誘発してゆく」はずである。この直接的コミュニケーションの増殖を可能にするのが交通インフラであり、「交通は、現代1000万都市の生命とエネルギーを維持する動脈であり、そのブレーンを回転させる神経系である。そうしてこのモビリティは都市の骨組を決定してゆく」。

東京という都市を、何らかの完結した物理的形態とするのではなく、無数の要素が移動、接触、創発する流動性として捉えるこの視点は、まさしくメタボリズム的な都市論の核心ともいえる。この都市論は、丹下の場合、一貫した軸線主義と結びついていた。丹下は、都市が都心に向かう求心－放射的構造から直線軸に沿った線型平行射構造になっていくプロセスを、「放射型の原始生物から、線型の脊椎（せきつい）動物への、生物進化の過程、また卵から脊椎が発生してゆく生成の過程」に擬（なぞら）えていた。丹下にとって東京の将来は、中世都市のような閉じた空間のネットワークとなることではなかったし、近代都市のように都心から放射状に交通網が広がっていく仕組みでもなく、さらには実際にその後のグローバルな都市システムがたどったような、様々な都心がリゾーム状に結びついていく方向でもなく、あくまで明瞭な軸線＝背骨と直交する軸＝骨によって流動性が構造化されていくものとしてあった。

しかし、丹下がその東京計画のなかで理由を十全には説明していない重要なポイントは、なぜ高速に都市機能をつなぐ軸線が、常に直線でなければいけないのかという点である。丹下の説明は、ある地理上の二点をつなぐ最短距離は、両地点間の線分になるからというものだろう。もちろん、東京湾上のようにまだ何も建物が立っておらず、地形的にもただ平らなところならばそれでいい。実際、彼が後に計画してもいく砂漠の上の都市ならば、そのような理想を実現できる。あるいは戦後広島のように、都市全体が未曾有の原爆投下で廃墟と化してしまったところでは、彼の直線軸主義がかなり「理想」に近い仕方で具現された。しかし、明らかに東京はそうした都市ではない。地形は複雑な凹凸に富み、それぞれの土地は過去との結びつきを持つ。米軍空爆で焼け野原となったとはいえ、過去の痕跡が悉く失われたわけではない。その東京で、丹下の直線軸主義を断行することは、この都市の地形的特徴と歴史的痕跡を抹殺するおぞましき蛮行にしかならない。

これは現実的なプランではないから、実際には東京の地形や現状の地上権を前提に、丹下がこだわった都市の流動性拡大や高速化に対応していくことになる。その結果、丹下の「東京計画１９６０」の「直線軸主義」は、具体的な条件に応じて「曲線軸主義」に修正されていく可能性があった。まさにこれが、東京オリンピックに向かうなかで、この都市が実際にたどった歴史である。つまり、丹下が東京湾上に張り出すような仕方で考えていた大量高速の都市軸は、むしろ東京二十三区内部に、それまであった曲がりくねる水路を覆うような仕方で建設されていく。丹下は私的な「利権に汚れていない」、つまり市民には地上権がないことを海上に都市軸を延ばしていく大きな理由として挙げていたが、東京都内の水路上に次々に首都高速道路が建設されていくことになった最大の理由も、この水路には私的な地上権が存在しないと考えられていたことだった。だからこの水路上の曲線軸に沿って、「土地から解放された新しい都市のありかたが、生まれてくる」と期待されたのだ。

日本列島の脊椎としての東海道メガロポリス?

すでに触れたように、丹下の「東京計画1960」は、一九六〇年代以降の日本の都市計画に大きな影響を与えていく。海外でこの計画のコンセプトが初めて試されていくことになったのは、旧ユーゴスラビアのスコピエで一九六三年に起きた震災後の中心市街地復興計画である。丹下案はコンペで選ばれるが、実現したのはそのごく一部に限られるようだ。他方、日本国内での「東京計画1960」の影響力は、単に建築家丹下健三の世界的な有名性という以上に、この構想に盛り込まれた方向性が、高度成長期に向かう日本の開発主義的想像力の最もエッセンシャルな部分を見事に体現していたことに由来していた。

たとえば、丹下は「高速道路は市街地では既存の建物の上空を走ることになる」と考えていたが、実際に戦後、首都高速道路建設に先立って、銀座を囲む外濠、汐留川(しおどめがわ)、京橋川が埋め立てられ、「東京高速道路(KK線)」では銀座数寄屋橋(すきやばし)付近で建物の屋上部分が高速道路になっていた。そしてこのKK線は、地上から道路面までの高さが約八・五メートルであったから、地上四〇メートルの吊り橋で高速道路を吊ることで、市街地の上空に高速道路を走らせようとした丹下の構想がいかに気宇広大なものであったかも明白である。

また丹下は、晴海と千葉県の木更津をつなぐ東京湾上に巨大な線状都市を建設しようとしていたが、やがて実際に、川崎と木更津を海底トンネルでつなぐ東京湾アクアラインが建設され、一九九七年には開通する。東京湾横断道路の計画が最初に公式に提案されたのは一九六一年、「東京計画１９６０」のすぐ後のことである。もちろん、横断道路の計画は、丹下の計画という以上に、松永らの「ネオ・トウキョウ・プラン」のほうの影響を受けたのではないかと思われるが、しかしこれらの開発構想は、同じ時代的想像力のなかで考えられていたものだった。そして一九六〇年代から八〇年代にかけて、東京湾沿岸には、「幕張（まくはり）」（千葉県）や「ＭＭ（みなとみらい）21」（横浜市）をはじめ、臨海部の埋め立て地で大規模な新都心地区が建設されていったのである。

概して言うなら、丹下健三の都市工学的想像力は、大日本帝国の東アジアへの拡張を象徴的に表現した戦中期や、広島平和記念公園の造形を結実させた戦災復興期の模索を経て、やがて高度経済成長を背景に東京や東海道の大拡張に向かう開発主義の時代とぴったり適合していった。この同時代の開発主義との表裏の関係は、とりわけ丹下による東海道メガロポリス構想にはっきり表明されていた。

丹下は、同時代の世界に起きているのは、「加速度的な経済の成長」であると考えていた。それは、「一方では消費生活水準を向上させ、その様式を大きく変化させていますし、また一方、食・衣についてはもとより、耐久消費財さらに自動車のようなものまで、年々に新しい型に切り換えていくというように、その消費の周期（サイクル）はだんだん短くなってきました。住宅

図3－2　東海道メガロポリス概念図
出所：丹下健三『日本列島の将来像』講談社現代新書，1966年.

もかつては孫の代までといわれていましたが、おそらくますますその周期（サイクル）は短期化してくるにちがいありません。このようにはげしい消費と消滅は、刻々人間の生活とその環境を新陳代謝――メタボリズム――させつつあるといってよいでしょう。一方、ますます巨大化する建設は、人間の生活環境を急速に変化させ、変身――メタモルフォーシス――させつつあり、まさにダイナミックな時代にさしかかった」というのが丹下の認識だった（丹下健三『日本列島の将来像』講談社現代新書、一九六六年）。

彼は、日本の総人口はやがて一億

数千万になり、その都市人口の八割以上が東京、名古屋、大阪を結ぶ東海道沿いを移動していくと見込んでいた。したがって、「東京計画1960」が東京湾上に張り出す線状都市を考えていたのと同じ論理で、東海道沿いの人口と資本の密集地域を線状につなぐ「東海道メガロポリス」が構想されていく。このメガロポリス構想では、東海道と中央道に高速の大動脈を建設することが目指されていた。すなわち一方は東名高速であり、他方が中央自動車道である。あるいは一方が東海道新幹線であり、他方は後にリニア中央新幹線の構想となっていくものだった（図3-2）。

これら「二つの力線」に貫かれる巨大な線状都市帯が本州に建設されたなら、いずれ日本の首都はその内部ならどこでもよくなると丹下は考えていた。彼は、「東海道メガロポリスの内部であれば、（日本の首都は）どこでもよくはないかと思っております。東京湾上に出すのもよかろう、富士山麓において、東海・中央の二つの力線を結ぶ新しい都市を考えるのもよい、あるいは京都と奈良を結ぶあたりに適地を求めるのもよかろう、琵琶湖に新しい都市を建設することも不可能ではないだろう、経済的頭脳としての東京と、政治的頭脳としての新首都がかりに分離しても、これらが、東海道メガロポリス内部で相互の有機的連結が緊密であるかぎり、将来の日本の創造的活動にとって支障はない」と語っていた（同書）。

このように、丹下の都市論は徹底して開発主義的であり、彼の軸線への強いこだわりは、その開発志向と表裏をなしていた。そして、この思考の前提にあったのは、日本の経済成長や人口増大が長期的に継続するという見通しである。丹下は経済学者W・W・ロストウの成長理論を下敷きに、全世界で幾何級数的な経済成長が続くと想定していた（図3－3）。

今日から見返すなら、丹下の未来予測がどれほど破滅的に誤りだったかは明らかである。経済成長も人口増加も幾何級数的には続かない。そのことは、すでに一八世紀末にマルサスが『人口論』で予言していたことだし、一九世紀までに彼の予言はロジスティック曲線に定式化されていた。丹下がこの事実を知っていたかはわからないが、明らかに日本列島の環境も地球環境も有限であり、成長はいつしか飽和に向かうのである。実際、欧米と日本がこぞって経済成長していたのは一九六〇年代までで、七〇年代に欧米社会は深刻な経済の停滞を経験することにな

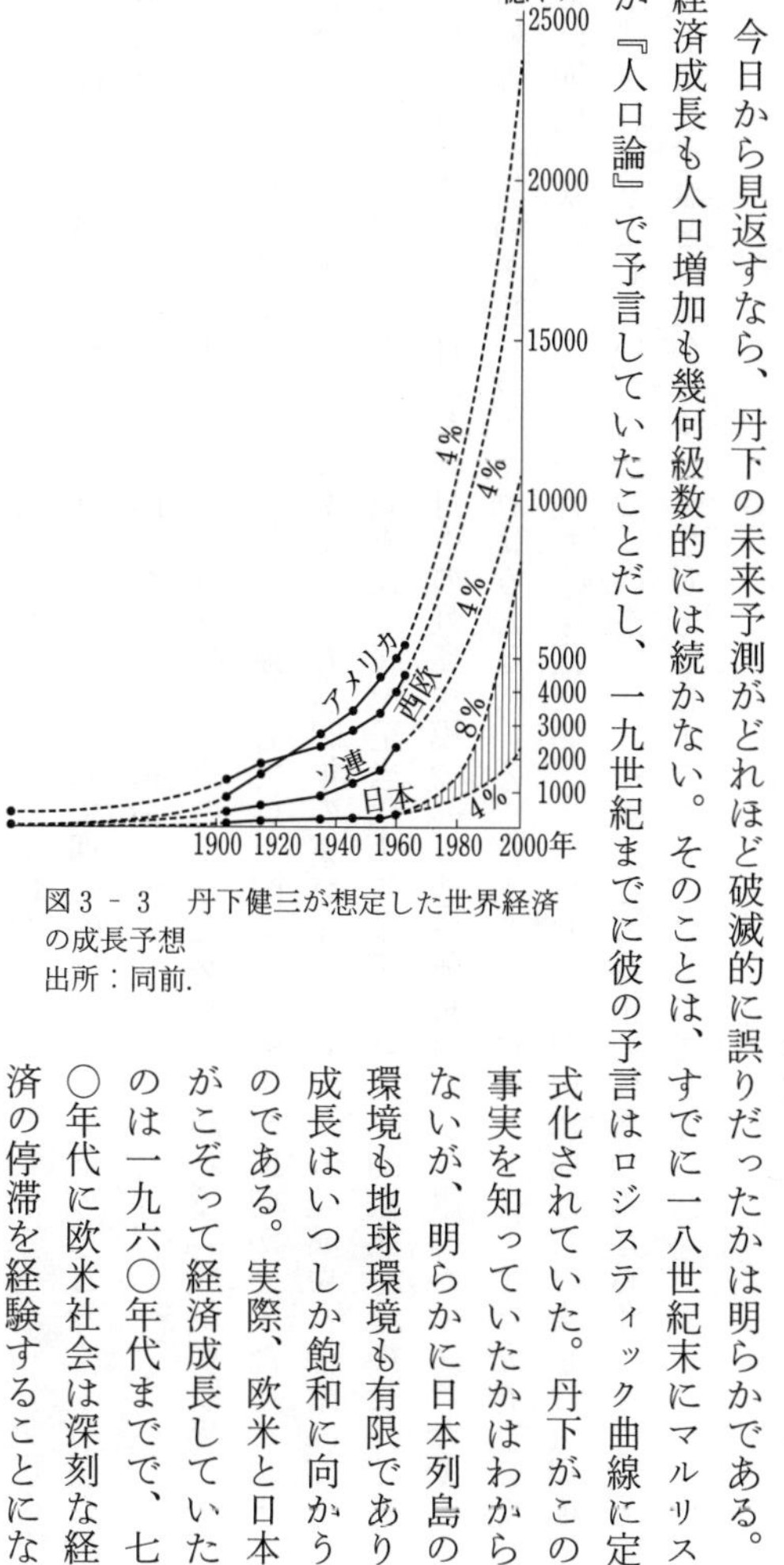

図3－3　丹下健三が想定した世界経済の成長予想
出所：同前.

る。そして日本も、七〇年代初頭のオイルショックはなんとか乗り切ったものの、九〇年代以降は深刻な経済停滞に向かう。これらは決して偶然的な要因によるのではなく、有限な環境において経済成長を遂げた国々が経験する宿命だった。

問題は、一九六〇年代以降の日本社会が、そのような必然的に訪れる「成長の限界」を想像すらできないまま、丹下が妄想的に遠視していた開発主義的未来に向かって都市や国土の開発を続けてしまったことにある。一九六四年の東京オリンピックの「成功」神話は、そのような国土の開発や果てしれぬ成長主義を正当化するイデオロギー的機能をその後長く果たし続ける。そして今日なお、丹下の列島規模での妄想を無批判に引き継ぐかのようなリニア新幹線に巨額の予算が投下されようとしているのだから、一度確立してしまった神話は簡単には崩壊しないのである。一九六〇年代初頭、オリンピック開催に向けて、東京は大規模に改造されようとしていた。この「改造」は、やがてこの都市の風景のみならず、そこでの日常生活と意識を根底からすっかり変えてしまうことになるのである。

2　道路はすべてに優先する――山田正男と東京の「立体化」

石川栄耀から山田正男へ

一九五〇年代半ば、東京の都市計画の先導役は、石川栄耀から山田正男に主役が移る。山田正男は、もともと石川の弟子の一人だった。戦時下の一九三七年、東京帝大土木工学科を卒業した山田は内務省に採用されるが、上司から「君を東京の都市計画委員会の石川君のところへあづけることにするから、3年間大学院へいって居るつもりで、みっちり都市計画の研究をしてくれ」と命じられ、石川の研究室で都市計画を学ぶ。後に山田は、「3年間、石川さんの下で、〝大学院〟に通って、紀元2600年記念事業として皇居外苑の地下自動車道計画や、同じ年に開催されることとなっていたオリンピック東京大会の駒沢主競技場計画を立案したりしました。私の都市計画的頭脳は、この3年間の〝大学院生活〟の成果です」と語っている（『時の流れ　都市の流れ』都市研究所、一九七三年）。

こうした意味では、石川が東京都で自分がやりかけた仕事を山田にバトンタッチしたのは自然な流れだったのかもしれない。山田は、石川から東京都の都市計画部長となるよう説得されたときのことをこう述懐している。

昭和30年の9月の或る日、建設省の玄関で、石川さんとバッタリあいました。〝かねてから相談のあった東京都の計画部長を奥田教朝（おくだのりとも）さんが了承して結構でした。昨晩一席激励会をやりました〟。と申しましたところ、兎に角、〝俺の車に乗れ〟といわれました。車中伺うところによると、〝ちがうんだ。帰って奥さんに相談して、また気が変ったらしい……。かくなる上は、いよいよ君の番だ〟ということで、石川さんが講義をされていた碑文谷の工業大学につくまで、くどかれました。奥田さんも罪な人です。そしてくどいた石川さんはその年の暮を待たずに、突如急逝されてしまい、遂に私は、昭和30年12月21日、当時の知事安井誠一郎さんから東京都計画部長の辞令をもらう羽目となってしまいました。（同書）

ここにあるように、石川は、戦災復興事業を思うように実現できないまま一九四九年に都の都市計画の中枢から退き、五五年に山田を都の都市計画部長に据える調整を済ませるや、不幸にも出張先で倒れ、帰らぬ人となった。享年六二、若すぎる死であった。山田のほうは、辞令を受け取った翌年早々から、高度成長期を通じて東京の都市づくりの中枢を担った。

たしかに、人脈的には石川から山田への継承は自然な流れであったのだが、都市への考え方という点では、両者の都市計画に対するスタンスは正反対と言ってもいいほど隔たっていた。山田は石川の薫陶を受けながらも、その計画思考は、「文化」を重視し、理想主義的傾向の強い石川とはまったく異なり、「経済」を重視し、徹底して現実主義的に振る舞う官僚の構えであった。実際、山田は彼の道路中心の都市計画を進めていくなかで、石川が目指した東京の戦災復興計画は、「絵に描いた餅」にすぎなかったと繰り返し批判している。

> 戦災都市復興計画基本方針に基づいて決定された街路や公園の計画は、広大な焼失地を前にして誠に規模雄大であって、City planner たちにしてみれば、この機会につくらなければ二度とできまいという気概に満ちたものであり、この機会に多年の青写真屋から脱して一挙に欧米諸都市を追いこそうというものであった。しかし、それは遺憾ながら敗戦後の日本の経済、財政、社会状勢とはおよそ無縁のものであった。いつの世も財源と実施を伴わないような計画は絵に画いた餅である。　（同書）

戦後、東京の戦災復興は、十分な事業予算が伴わず、もたもたしている間に都市区画整理や疎開跡地の建築規制などの施策が悉く「市民の非難の的となった。そして吉田総理を始め、国会、政府内部からも非難を受けるようになって」しまい、結局、「土地区画整理区域や街路の計画幅員の縮小」をせざるを得なくなっていった。名古屋や広島のように迅速に復興事業を進められた都市は、こうした規模縮小の影響は、東京よりもよほど小さかった。

山田はまた、首都圏の未来についてのビジョンでも、石川が示した小都市ネットワーク型の生活圏構想とは異なり、むしろ巨大都市圏の形成を目指していた。彼は、石川時代の一九五〇年六月に制定された首都建設法を廃止し、代わりに五六年四月、首都圏整備法を制定するが、これは前者が「計画対象区域を東京都に限定したために、占領下の東京都並びに国の公共投資の貧困と相俟ち、本来広域的性格をもつべき大都市東京の人口問題・都市問題等の抜本的解決には役立たなかった」との考えに基づいた措置であった。

この新たな構想では、首都の「50〜100㎞圏域においては従来のような多数の小規模の衛星都市ではなく、より吸引力の大きい、より規模の大きい総合的な衛星都市群に改めるべきことはいうまでもありませんが、50㎞圏域において、これを首都地域とし、事実上の大都市圏として工場・事務所・住宅等の立地動向を考慮し、これを合理的に誘導修正し、首都地域を一体として都市構成を効率的に再編成する」とされた。

結局、山田は人脈的には石川の弟子であったが、その都市計画が向かったところからするならば、むしろ石川の復興計画に最後のとどめを刺す役割を担ったともいえる。山田は石川について、「石川さんは、夢を追うすぐれた planner であったが、惜しむらくはその波を征服して計画を実現しようという producer ではなかった」と評価する。厳しい評価だが、石川の弱点を衝いてはいる。さらに山田は、石川の戦災復興事業について、次のような酷評すらしている。この発言からは、石川に対する山田の愛情は感じられない。おそらく山田は、石川の文化を柱にした復興計画の挫折を残念だったとはまるで思っていなかったのだ。

> 石川栄耀は、PR映画、宣伝映画なんかを使って、東京はグレーターロンドンみたいにグリーンベルトで取り巻いて、規模を拡大しないいんだというような、夢みたいな構想だけを宣伝はしても、都市計画の事業決定そのものは具体的に行ってないいんですね。（山田正男『東京の都市計画に携わって』東京都新都市建設公社まちづくり支援センター、二〇〇一年）

山田は、石川が実現し得なかった戦災復興計画を引き継がなかったばかりか、そもそものような計画に価値を認めていなかったのである。山田は東京都の都市計画のトップとして、首都高速道路と新宿副都心という二つの巨大プロジェクトを推進する。その一方は、川や運河の上に高速道路を通すことによって、他方は淀橋（よどばし）浄水場の跡地を民間に売却することによって実現したものだ。ある意味で、両方とも東京から水辺を排除し、そこに生じた空間を東京の高速化や超高層化のために利用したのである。

しかし、そのようにして実現した高速・超高層の東京からは、文化も風景も失われていった。首都高速は、ただ速く目的地に到着する都市を実現するために、沿線の風景を台無しにした。新宿副都心では、駅前「広場」や新宿中央公園を擁しながらも、何棟もの巨大な超高層の間の空間が極端に無機質で空虚なままに残されていった。同じ超高層オフィス街でも、かなり後の時代になされる東京駅－丸の内地区の開発と比較するなら、この点は明瞭である。つまり、山田正男の都市計画が決定的に欠いていたのは、実は石川栄耀だったのである。山田はそのことに、最後まで気づいていたようには見えない。

「文化」の東京から「道路」の東京へ

こうして山田は、石川が考えていた「文化都市・東京」の構想を、むしろ道路中心の「オリンピック都市・東京」の構想に切り替えていった。高度成長へ向かおうとしていた東京にとっては、そのほうがはるかに現実的で利益も大きな選択だった。それ以上に、優秀な技術官僚の山田が直面していたのは、石川が都市計画家として夢想したような世界をリードする「規模雄大」なビジョン云々以前の、もっと切実でのっぴきならない過密都市東京の現実だった。「今日の東京が、超過大都市として深刻な悩みを抱えており、しかもそれはいまや放置しておくことのできない、のっぴきならない事態に陥っている」のは誰の目にも明白で、この状況への改善策が最優先事項にならねばならないと山田は考えていた。

山田は、都市計画部長就任早々に書いた論考で、「東京の道路のカルテは、副都心以内は動脈硬化ともいうべき症状を呈しており、その外周部は半身不随の症状にあり、全体としては元気そうにみえるが、このまま放置すれば余命いくばくもないというのがいつわりのない所である」と現状を評価している（『時の流れ　都市の流れ』）。

この「動脈硬化」や「半身不随」をもたらしている原因は、第一に、地方から東京への流入による人口増加であり、第二に、モータリゼーションの進行による自動車台数の激増であり、第三に、都心建物の高層化による勤労人口や移動人口の局所的な集中化であった。第一の要因は国土全体の政策課題でもあるが、第二、第三は文字通り都市政策的な課題である。山田はそこで、第二の原因については道路交通の立体化により、第三の原因については容積率のコントロールにより対応しようとした。

なかでも山田が、東京五輪開催に向けて喫緊を要すると考えていたのは、過密な自動車交通によって生ずる諸問題の解決だった。五輪開催都市である東京は、「大会運営をスムーズに進められるように、関連の公共施設を整備しなくてはならない」が、道路、公園、下水道、河川浄化、地下鉄等の諸課題が山積しており、特に「緊急を要するのは、道路の整備である。今後自動車の増加は所得倍増で拍車が架けられる（ママ）ので、昭和三五年に五〇万台に達した都内の自動車登録台数が、オリンピックまでには、八〇万台を超すものと見込まれている。そのために、昭和三九年までに、オリンピックがあろうがなかろうがどんどんふくれ上がる交通需要に、オリンピックによって付加されるプラスアルファーの交通量を加えた交通需要を処理できるように、道路が整備されなくてはならない」(同書)。

だが、東京のように、すでに建物が立て込んでいて用地買収もままならない都市では、新たな道路の建設や拡幅は困難である。そこで山田は、用地買収を最小にしつつ自動車の流れを円滑にする秘策として、道路の立体化を積極的に進めるべきだと考えていった。

たとえば、「今後都心部の建築物の高さは、仮に平均4階になるだろうと推定して、これによって生ずる交通量を平面の街路によって解決するとなると、市街地の70%くらいは道路にしなければ、間に合わないことになる」。それはとても不可能で、そんなことをしたら「道路の間に家があるような状態」になってしまう。自動車の増大や容積率の高度化に対応し、一定以上の交通量を可能にしていくには、「道路を立体化しなければ現実的に解決の途はない」。そもそも、東京の都市計画が「八方ふさがりの状態まで追いつめられた主要な原因は、一つには過去における線的な、平面的な都市計画の破綻(はたん)」にあった。だから、都市交通を立体で考えることで袋小路を打開すべきだとの考えが、東京の都市計画を立体交差や首都高速道路の建設に向かわせていくのである。

立体交差と首都高速による問題解決

高度成長期を通じて東京の都市計画がいかに交通問題の解決に集中していたかは、山田の都市計画論に明らかである。彼は、六〇年に書いた「首都東京の改造計画」と題された文章で、「東京改造計画の根本施策は交通需要に応じた道路の新設改良であり、道路の交通能力と交通需要とのバランスをとるための建築物の容積を制限、または限定することにある」と語っていた（同書）。そうした計画で大きなネックは、立体化しない交差点にあった。主要道路の交差点では、直進車、右折車、歩行者、路面電車などがひしめくなかで、必然的に渋滞の原因が生じていた。したがって、まずこれらの交差点を立体交差化して渋滞の原因を取り除き、さらには「連続する一連の交差点を立体交差化することにより、高架または地下（堀割式）の自動車専用の道路を造る計画」が推進された。

山田はさらに、自動車交通の過密に加え、道路交通を邪魔しているものを挙げている。たとえば、路面電車の停留所は「交差点の付近にあり、車線数がここで少なくなる。三車線で走ってきた自動車が、電車の停留所のところでは、二車線になってしまう。このためこの道路が他のところは三車線あっても、実際には二車線の能力しかなくなってしまう」。また、「交通量が増えてくると、車道内にある植樹帯なども邪魔になってくる。それは植樹帯などによって車線数がみだされる」からである。こうした課題を解決するには、主要道路の交差点の立体化や都市計画道路網の能率的再編、都心での駐車場整備などが必要となる。

なかでも山田が施策として重視したのは、首都高速道路の建設である。首都高速は、「東京都区部の主として環状6号線以内の主要な交通系統に対する交通需要に応じた道路の新設改良計画であり、連続する一連の交差点の立体交差計画である」。この高速道路によって「生ずる経済効果は、道路利用者の享受する燃料費、修繕費、維持費、時間、事故による費用の節約などの直接便益ばかりでなく、目に見えない、計算のできない国民経済ならびに社会福祉上の利益はきわめて大きい」と、彼は主張した。

今日、山田が一九六四年の東京五輪のために、立体的な道路網として首都を構想した時点からすでに半世紀以上の歳月が過ぎている。彼が構想した未来と今日の東京との距離は、それ以前に石川栄耀が構想した未来と今日との距離よりはるかに小さい。実際、一九六〇年に、彼は「1970年の東京都」を予言する次のような文章を書いている。

1959年に次のオリンピック大会が東京で開催されるということがI.O.C.総会で決った当時は、まだまだ、その競技場の設備はもちろん、交通処理施設もお寒い限りでした。しかし、その後数年間の中(うち)に、国、都、並びに関係都民の協力によってすっかり様相を一変しました。これは、10年以上前から、自動車交通の激増に悩む東京都が、いろいろの交通処理対策を立案していたものが、オリンピック大会を契機として画期的に実現されたからであります。……それまで、戦後足踏状態であった東京の都市計画は、道路、地下鉄を始め、急速に進展しました。10年前、約71kmの都市高速交通の建設計画を都市計画として決定する際には、地元には相当強い反対運動が展開されましたが、既に数年前に全路線開通し、今や放射状に続々延長工事が行われています。（同書）

この山田の予言によれば、七〇年までに「都心、副都心、いずれも駅の付近は都市計画が完成して様相が一変」する。たとえば、東京駅の八重洲(やえす)口は、地下二階で首都高速道路に接続し、大型駐車場ができている。また、有楽町(ゆうらくちょう)駅東口にも「駅広場ができ、マーケット街は一掃されて、2つのビルに姿をかえました。地下2階に大きな駐車場があります」。さらに渋谷では、「都市高速道路が国鉄の上を大きくまたいで、新しい都市の構造美を誇っています」。そして「新宿駅の西口広場の地下2階は駐車場ですが、地下1階の広場から新市街地に幹線街路が出ています。新市街地は、この幹線街路を縦軸として、地下1階に相当するレベルを道路面とし、横の道路は地上1階をレベルとしていますから、交叉点はもちろん立体交叉です」。有楽町や渋谷の景観は現実とは異なるが、山田自身が計画に関与した新宿西口は、この予言がそのまま現実となっていった。

こうした予測の延長線上で、彼は東京がやがて多核心的な巨大都市になるとした。一九六六年に日本で開催された国際住宅・都市計画連合（International Federation for Housing and Planning）で講演した山田は、未来の東京は、石川栄耀が理想としたような「多数の小規模の衛星都市」のネットワークにはならず、「より吸引力の大きい、より規模の大きい総合的な衛星都市群」を連ねた大都市圏となると述べた。したがって、東京都だけにとどまらない、半径五〇キロ圏域の首都圏全体の計画が不可欠で、この大都市圏で「工場・事務所・住宅等の立地動向を考慮し、これを合理的に誘導修正し、首都地域を一体として都市構成を効率的に再編成」しなければならない。それには「都心・副都心の整備を中心とする一連の市街地再開発を推進するとともに、これと密接一体的な関連のもとに、この地域の外周部の発展傾向を計画的に開発誘導し、主要交通幹線に沿って、流通センターの建設をはじめ、多数の副々都心を育成して、都心機能の再配置をはかることが必要」なのである（同書）。

以上のように、山田正男は東京都心に高架の高速道路網を張りめぐらしていった張本人である。彼は、道路網の立体化を進め、首都高速を都心の川や運河の上に次々に建設していった。つまり、江戸以来の川や運河に道路の蓋をしたのである。景観工学でパイオニアとなった篠原修は、後年、「もし山田正男という実行派のエンジニアが存在しなければ首都高は出来なかったと僕は判断する。なぜなら、それ以前の昭和二十八年の首都建設委員会のプランは大規模な区画整理を前提としていたし、首都高に係ったもう一人のキーパーソン、ロマン派の石川栄耀の考えは、いかにも石川らしくビルの屋上を使って首都高をつくるというものだったからだ」と語った（篠原修「首都高という鏡」『建設業界』第五九六号、二〇〇二年）。

つまり、首都に高速道路を通そうとしたのは石川も同じだったが、石川の構想はここでも理想論に走っていた。もう少し後の時代ならば、石川はおそらく高速道路の地下化を追求していただろう。とはいえ、川や運河の上に高架の高速道路を張りめぐらせていくことと、ビルの屋上を高速道路にしていくことは、本当に違うことだったのか——。

同じ疑問を初田香成も抱いたと思われ、石川が戦災復興の一環として進めた銀座周辺の高速道路建設のプロセスを追っている。それによれば、もともと一九四六年一月発表の「帝都復興改造案要旨（試案）」の時点では、石川は銀座周辺を流れていた京橋川や新橋川、外濠側、それに昭和通り付近の路面電車を撤収して、これらの河川沿岸を緑化して橋のたもとに小公園を設置しようと目論んでいた。ところが、一九五〇年代に入ると、石川の様子が微妙に変化してくる。五〇年、新橋から数寄屋橋を経て京橋までを流れていた汐留川から外濠にかけての河川を埋め立てて道路にしてしまおうという港区長の提案に対し、石川は、単に道路にするのではもったいないので、埋め立てた川の上にテナントビルを建設し、その屋上を高速道路にしていく計画を立て、財界人と協力して実現させてしまった。

これが、現在、廃止の検討が進むＫＫ線（東京高速道路）である。完成は石川の死後だが、

図３－４　1963年と2012年の日本橋付近
出所：田島正／アフロ（上），読売新聞社（下）．

石川はこの埋め立てを非難する声に対し、「埋めた堀は、埋めなければ不潔で不快な不用な堀なのである。利用上からも都市美上からも何の存在カチのないもの」とうそぶいていた（石川栄耀「私の都市計画史」）。

つまり石川自身が、四〇年代半ばの時点から五〇年代初頭までに変節しており、彼が高度成長期まで東京都の都市計画を仕切っていたとしても、山田と同じように東京都心の河川の上に高架の高速道路を張りめぐらせてしまう決断をしなかった保証はないのである。ある意味で、川や運河を埋め立て、その上にテナントビルを建設してしまった石川よりも、実利だけを追求して高架の高速道路を架けた山田のほうが、まだ都市景観を破壊した度合いは小さかったとすら言えるだろう。したがって、本章で論じてきた石川と山田の対照は、この二人の都市に対する一貫した思想的違いというよりも、敗戦直後に目指された東京の未来と、経済成長が具体的な現実になり始めてから人々が向かっていった実際の東京の未来との間の対照として理解されるべきものなのである。

首都高速道路が、どれだけ東京の水辺を犠牲にしたかを、ここで確認しておこう。首都高速は、東京のすべての川の上に同じように建設されたのではない。高速道路は、とりわけ東京都心を流れていた二つの流域の上を覆い、都心の景観全体に甚大なダメージを与えていった。その一つは、神田川・日本橋川流域で、江戸川橋から飯田橋、水道橋、竹橋、日本橋、茅場町へと向かう。もう一つは渋谷川・古川の流域で、天現寺から白金、三田、麻布十番、芝公園、浜松町と東進する。日本橋川は、まさしく東京都心を東西に貫く川で、神保町、大手町、日本橋の街々と不可分で、神田川や渋谷川・古川の流域も都心に近接している。

これら以外にも、かつて東京都心にあった多くの中小河川や堀、たとえば築地川や楓川、京橋川、汐留川等々が埋め立てられて首都高速の一部となった。また、神田川の北を流れる石神井川では王子駅を越えた河口部が首都高速の高架に覆われている。さらに隅田川沿岸では、浜町から両国、本所、向島までを高速道路が貫通し、その東では、竪川流域が首都高速小松川線に覆われている。つまり、首都高速は神田川・日本橋川筋と渋谷川・古川筋を二軸とし、その二つの間にある多くの運河、隅田川を渡った東にある運河の上を縦横に走り、東京都心部に毛細血管のように入り込んで都市景観を激変させたのである。

再び、戦災復興計画に立ち返る

ここで再び、石川栄耀の戦災復興計画の顚末に戻るならば、石川の東京復興構想の実現を当時の政治的文脈のなかで阻んだ張本人は、しかし実は山田正男ではない。石川の上司、安井誠一郎東京都知事であった。安井は、戦災復興では、都市の未来構想よりも目の前にいる焼け出された人々に食料を与え、住居を与えることを優先すべきと考えていた。

東京の戦災復興を論ずる場合に、よく震災復興のことが引合いに出される。くらべてほめてくれるのかと思うと、きまってこちらがけなされるのだからやりきれない。いったい、ものを比較するには、共通の条件の上に立つのが常識というものだが、この両者の間には、東京に大きな焼野が原があったという以外に、何一つ共通点はなかったのだ。

……（何よりも）国内事情が両者は全く正反対だった。震災の時は、焼け出されて地方へ分散した人たちが、じっくり英気を養い、再起の支度をととのえて東京に帰ってきた。こんどの場合は逆に、なけなしのものをさらに田舎ではぎとられ、まるで難民のように東京へおしもどされてきたのである。おまけに地方の都市もたくさんつぶされたので、そこで食えなくなった人々が東京へ行けばなんとかなろうというので、どんどん流れこんでくる。みんなハダカの人ばかりである。税をおさめてくれる事業体はほとんど潰滅状態のところへもってきて、「食糧をよこせ」「住いをくれろ」という人ばかりふえているのだ。机の上でどんなみごとな復興計画の作文をしてみたところで、手の施せるような現実ではなかったのである。

（安井誠一郎『東京私記』都政人協会、一九六〇年）

押し寄せる飢えた罹災者の人群を目の前にしていた安井知事からすれば、石川らの東京復興計画は、「机の上でしたみごとな作文」以上のものではなかったわけだ。

安井は、自分が当時、一番に戒めていたのは、「まちがっても震災復興の方式にならうな」ということだったと述べる。敗戦直後から、復興計画をめぐり「世間にもぼつぼつそういった都市計画作文が出はじめていた」。たしかに「一物もなく焼きはらわれた原っぱは、将来の東京の青写真をひくにはもってこいである」。提案者たちは、この機を逃したら、「せいぜい元の不満だらけの東京が再現するだけで、結局私は「無能知事」の烙印を押され、いつまでも非難と嘲りの的にされる」と論じていた。安井はさらに、東京都庁の内部からも、

「大ぶろしきといわれた震災復興計画でさえ、あまりに急速度の東京の膨張にとりのこされて、たちまちハンカチ級になったのを直接経験している」計画担当者たちが、「こんどこそはその轍（てつ）を踏まない」とばかりに「遠大雄渾（ゆうこん）なプランを練り上げて」持ってきたことにも触れている。明白に、石川栄耀らの構想を指していると思われる。

これらの持ち込まれる構想に対し、安井は「今は一人の都民も死なさぬことがすべてだ」と説き、「目をつぶって、それら（の復興計画）をすべておさえてしまった」という。つまり安井知事は、石川らの復興構想を断固として握り潰したのである。

とはいえ、占領期に膨大な飢えた市民がいたのは国内の多くの都市も同じで、東京だけが困難に直面していたわけではない。実際、安井は批判が気になるらしく、「名古屋市の復興ぶりを例に引いて、「東京は無計画でなっとらん」というふうにケチをつける。……（しかし）名古屋は市の中心部がきれいに焼き払われていたから、新しい青写真を引くのに思いきったことができた。東京は、……中央のビル街をのこしたので、その規格以上の計画は望んでも不可能だった」と自己弁護する。前には大量の都民が飢えていたからその対応が先で、都市計画どころではなかったと主張していた人物が、今度は都心が焼かれなかったから抜本的な都市計画はできなかったと主張しているのである。このように安井は詭弁（きべん）を弄（ろう）し、石川らの計画意志をまるで認めなかった。

さらに言えば、石川の東京復興構想が脆く(もろ)も挫折していった背景には、こうした都知事の非協力的な態度だけでなく、もう一つの理由もあった。それは、占領期改革によりそれまでの莫大(ばくだい)な公共用地が実質的に私有地化されてしまったことである。この公共用地の私有地化を先導したモメントは農地改革であった。一九四六年一〇月二一日、自作農創設特別措置法が定められ、あらゆる大規模農地の所有が禁じられ、約一町歩以上の農地及び不在地主の農地は国が買い上げ、その土地を耕作していた農民に安価に売り渡す措置がとられた。この農地改革は、実は大都市の公園などの公共用地に甚大なダメージを与えるものだった。

というのも、大都市では、戦前に地方公共団体が公園ないし緑地としていた土地を、戦時中は食糧増産の国策に従って小作人に耕作させていた。これらの戦時体制下での食糧増産目的の耕作地が、占領政策のなかでは現況で「農地」と見なされ、それらの土地を公園や緑地に戻そうとしていた地方公共団体は「不在地主」と見なされ、土地は「小作人」への分配の対象とされていったのだ。

もちろん、大都市の公共用地の私有化を一挙に促進してしまうこの措置に、地方公共団体や都市計画家は反対した。交渉の過程で五年間の猶予(ゆうよ)期間が認められ、その先でこれらの土地を地方公共団体に売り戻すか、小作人に売却するかが決められることになった。しかし、小作人側も、この「改革」によって、図らずもここ何年か耕していた「農地」を非常に安価に取得できるわけだから黙ってはいない。とりわけ東京や名古屋、大阪のような大都市では、決定権を有する占領軍にあらゆる工作が試みられ、結局、東京都の場合、一四〇万坪の旧公園地が、「農地」改革の結果として「小作人」に売却され、公的には失われることになった(佐藤昌『日本公園緑地発達史』上巻、都市計画研究所、一九七七年)。

戦後、公共用地から失われていったのは「農地」ばかりではなかった。社寺境内地も、政教分離政策のなかで「公園」であることを解除され、私有地化が進んだ。というのも、戦前までの日本では、一八七三(明治六)年の太政官布告以来、社寺境内の多くが国有地に上地されて「公園」の一部に組み込まれていた。一般的には、祭典法要等の儀式に用いられる区域は社寺の専用地、それ以外は国有の公園地とされ、実質的な区別はなされていたが、実際には専用地と公園の境界線は曖昧だった。そのため国側から見るならば、全国の社寺境内が「公園」に組み入れられ、膨大な緑地が形式上は確保されていることになっていた。

ところが占領期に「政教分離」が徹底されていくなかで、一九四七年三月六日に「公園地内にある社寺等の境内地処理について」という通牒が発せられ、社寺境内が公園地になっている場合、ただちに「公園」の指定が解除されることとなった。境内地は国有地から外されて宗教上必要な土地は社寺に無償譲与され、その他の土地も有償で払い下げられていったのである。全国の社寺からすれば、境内地は国の統制から逃れ、所有権も払い下げられて檀家、氏子と使い道を考えていけばいいことになった。この措置の結果、東京都だけで湯島、愛宕山などに存在した公園地が一気に失われ、上野、芝の公園地も大幅に縮小され、都全体で一二万四〇〇〇坪（四一ヘクタール）の公園地が失われていった（同書）。

結局、「戦後」とは際限もなく「私」が増殖し、拡張していく時代であった。そしてわずかに残された公的な空間、たとえば川や運河の上空は、山田正男によって先導された首都高速道路の建設によって取り戻しようがないほど破壊された。それが、実際に東京が経験した「復興」であり、「豊かさ」に向けての経済成長だったのだ。一九六〇年代を通じ、こうした首都発展、都市の高速化と再開発への道が根底から疑われることはなかった。

やがて一九七〇年、NHKのドキュメンタリー監督工藤敏樹は、『新宿――都市と人間に関するリポート』（一九七〇年一一月三日放送）で、この発展する「東京＝戦後」と、そのなかで否定されていったものとの対照を見事に描いた。番組の冒頭、貧しい村から眩しすぎる東京に飛び出してきた家出少年の発言のすぐ後に、今、まさに廃止されようとしていた都電の撤去シーンが登場する。片づけられていく停留場の標識たち。その後に登場するのは、西新宿副都心での超高層京王プラザホテル完成場面である。その祝賀パーティの場に招かれて挨拶をするのは、この副都心計画の中心人物だった山田正男である。彼は、番組のインタビューに応じ、淀橋浄水場の跡地三四万平方メートルの都有地を民間企業に売却し、民間資本を導入することで新宿を闇マーケットの街から都市計画の街に変えたのだと語る。

石川栄耀の戦災復興計画で、娯楽地区のモデルとして建設されたのは歌舞伎町だった。だが、その街は、やがて石川が構想していたのとはまるで異なる軌跡をたどった。その石川に対し、山田はまったく異なる手法で西新宿の副都心開発を推進した。新宿における「歌舞伎町」と「西新宿」。この二つの街の今日に至る対照には、戦後東京で都市計画をリードした石川の理想主義と山田の機能主義の行きついた先が、赤裸々な現実として示されている。

3 都電はなぜ駆逐されたのか——スピードに妄執する戦後日本

東京五輪というお祭りドクトリン

高度経済成長期を通じ、東京は、その過去の遺産を次々にかなぐり捨てていった。より速く、高く、強く成長し続ける東京にとって、それらはすでに過去の遺物にすぎないと思われたからだ。経済の急速な成長は、よりゆったりとした文化の成熟を圧倒したのである。川や運河に蓋をするかのように建設された首都高速道路は、水辺の風景を回復不可能なまでに破壊した。そして、スローモビリティの代表格たる路面電車も、一度進みだしたら軌道修正の利かない日本の官僚機構のなせる業で、ほぼ全面的に廃止されていった。

このような首都大改造を後押ししたのは、丹下の壮大な東京ビジョンであり、山田の徹底した機能主義であった。丹下も山田も、東京のメガシティ化を可能にする決め手が、高速交通を可能にする都市インフラにあると考えていた。だから、彼らが牽引して実現したのは「速い東京」であり、そこで失われたのは「ゆったりとした東京」だった。その失われた東京の代表格は、路面電車であり、水辺であり、低層の軒が連なる街路や路地であった。その結果、東京の交通は、自動車と地下鉄の速度にほぼ一元化されていった。

この過程において、一九六四年の東京オリンピック開催が決定的な役割を果たす。間近に迫ったオリンピックに向け、六〇年代初頭の東京は急ピッチで都市改造を進めていった。その政治的な激流のなかで、速度の遅い路面電車は「より速い首都」の実現を目指すオリンピックには相応しくなく、自動車の通行を妨げる邪魔者とされ、切り捨てられていったのである。実際、警視庁は、東京都が都電軌道内に入ってくる自動車の取り締まりを求めたのに対し、逆に軌道内への自動車乗り入れ規制を緩和してしまう。その結果、自動車に通行を妨げられて都電はますます遅延するようになり、乗客離れが進んだという。

こうした政治的流れを政策的に後押ししたのは、一九六〇年頃から政府や東京都で出されていった審議会答申である。その分水嶺となったのは、六〇年八月一六日、運輸省に設置さ

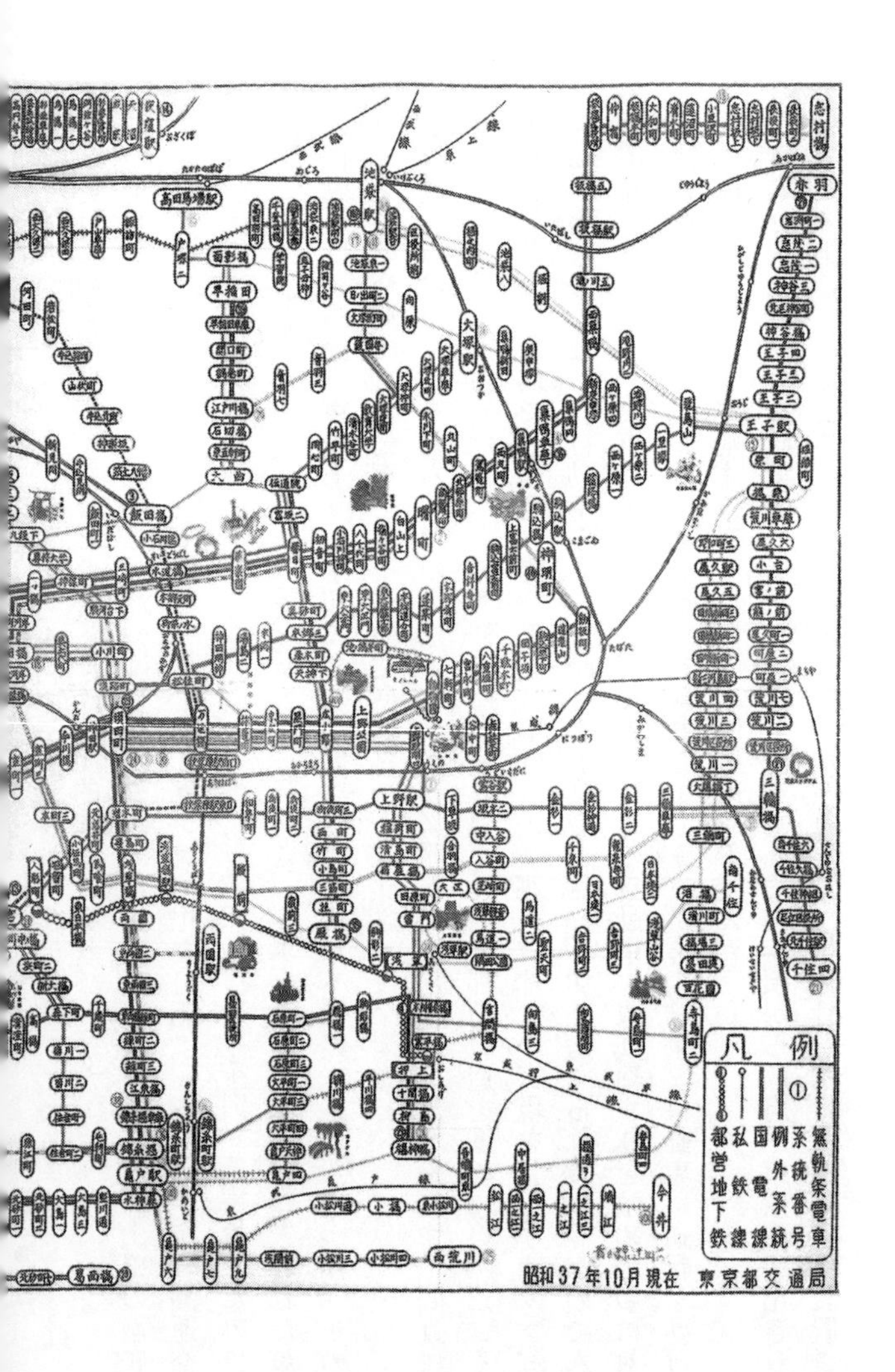
高田馬場駅
池袋駅
大塚駅
王子駅
赤羽
飯田橋
水道橋
早稲田
江戸川橋
石切橋
上野駅
浅草
両国駅
錦糸町駅
亀戸駅
今井
西荒川
葛西橋
三輪橋
千住四
押上
凡例
無軌条電車
系統番号
例外系統
国電線
私鉄線
都営地下鉄
昭和37年10月現在　東京都交通局

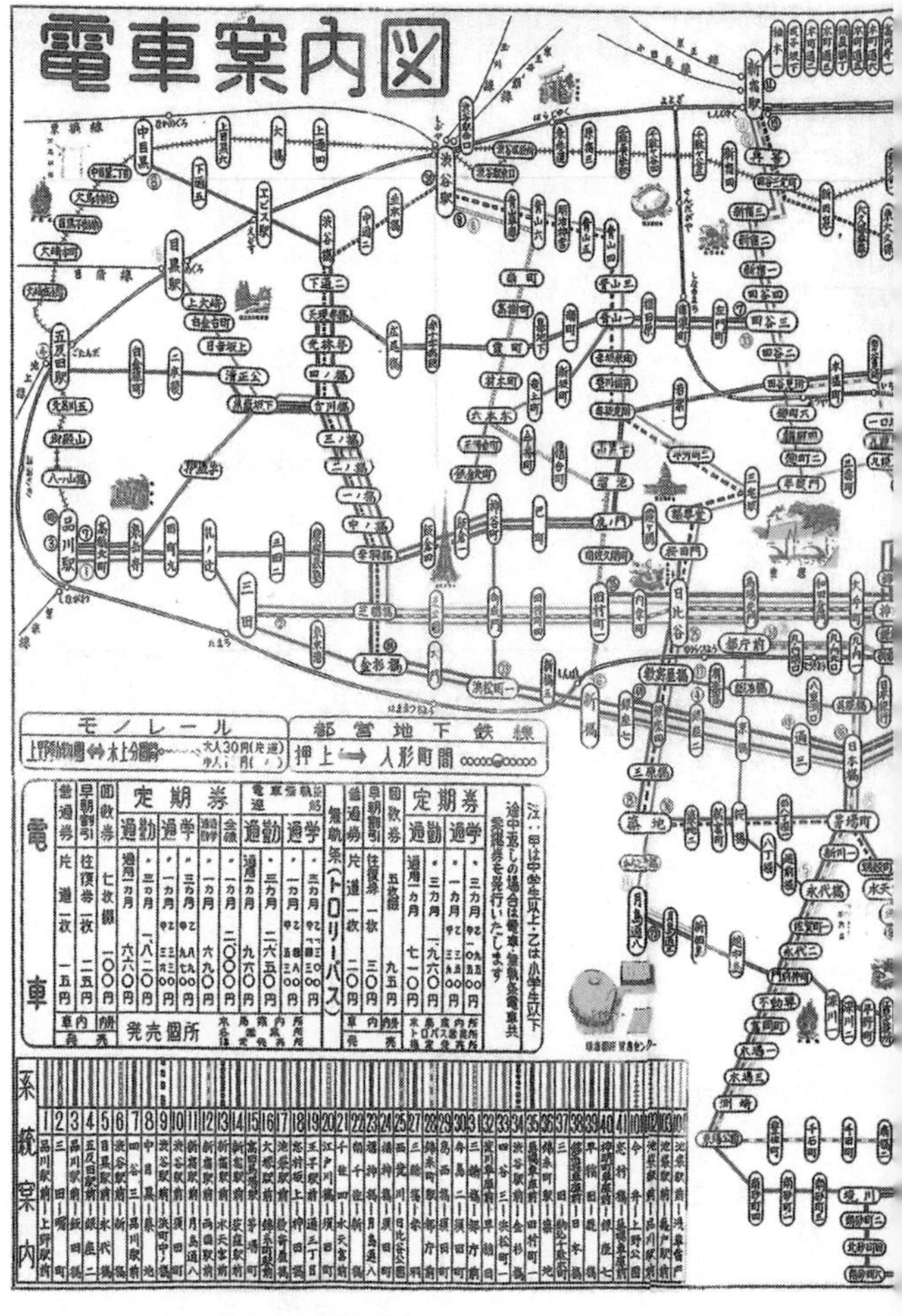

図３－５　1962年当時の都電路線図
出所：東京都交通局.

れていた都市交通審議会が出した『東京における路面交通に関する答申』（答申第四号）だった。同答申は、路面電車が「最近においては路面交通混雑のためその運行に支障をきたしがちであり、またその存在そのものが路面交通混雑に拍車をかけている状態であって、この状態は今後改善される余地は少ない」と断じた。そして今後、「円滑な公衆輸送を確保し、また路面交通混雑の緩和を図るために、路面電車を撤去して他の交通機関に代替させることが適当」と、明確に都電廃止路線を打ち出したのである。この審議会は、日本全体の交通政策を方向づけていたから、そこが示した都電廃止の方針の影響は大きかった。

しかも、この撤廃方針は、都市交通審議会でもこのとき急転直下で出されていったものらしい。一九五六年の同審議会第一号答申では、首都での地下鉄建設促進は強調されていたが、路面電車も引き続き整備することになっていたし、同時期の東京都の審議会や委員会で出されていた答申も、路面電車の整備を進めつつ、地下鉄建設を推進するというものが多かった。それが前述の六〇年八月の答申以降、路面電車廃止に政策的な舵が切られる。

一九五六年と六〇年の間に起きた最も大きな出来事は、ここでの文脈では五九年五月、ミュンヘンで開かれていたＩＯＣ総会で六四年に東京でオリンピックが開かれることが決定されたことだ。この決定により、「速い東京」の実現が喫緊の国家的課題となった。

そして一九六一年以降、他の政府や都の審議会等も、都市交通審議会の答申を繰り返すかのように次々に都電廃止の方針を打ち出していく。たとえば、東京都の首都交通審議会は六一年一一月、都電は「代替交通機関の整備に伴い、順次撤去すべき」との結論に達するが、これは前年の都市交通審議会答申を裏書きするものだった。さらに六四年、自治大臣の諮問機関として置かれていた地方公営企業制度調査会は、「大都市の路面電車は、将来とも採算をとることが困難と思われるので、地下鉄の整備、バスへの転換等を考慮して、できるだけすみやかに廃止すべき」とした（『都電』東京都交通局、一九七一年）。

当時、政府内で都電撤廃を最も積極的に推進したのは建設省である。同省は東京都に「オリンピックに都電は邪魔だ。早くはずせ」と迫ったという。こうした国からの圧力は、とりわけ六二年七月に河野一郎が建設大臣に就任し、オリンピック開催に向けた道路や施設建設を仕切るようになると、さらに加速されていったようだ。剛腕かつ強引な河野は、「銀座の地下鉄工事をはやめるため都電の運行を一時やめよ」とまで発言しており、何が何でもオリンピックシティ東京のインフラ建設を優先するスタンスだった。こうした圧力のなかで、東京都は杉並に加え、番町や青山など、都心部の黒字路線から都電を廃止せざるを得ないことになっていった。つまり、都電に経営上の問題があって廃止が決まっていくのなら、通常は周縁の赤字路線からの廃止となるだろうが、この六〇年代初頭の都電廃止は、むしろ赤坂や青山といった都心西南の黒字路線からの廃止だった。

以上の経緯から、東京から路面電車が一掃されていく決定的なモメントとして、東京オリンピック開催が作用していたことが見て取れる。ナオミ・クラインの『ショック・ドクトリン』になぞらえれば、戦後日本の政治では、一貫して「お祭りドクトリン」が作動してきた。一九六四年の東京五輪や七〇年の大阪万博は、このお祭りドクトリンがあらゆる面で作動した顕著な事例である。すでに拙著『五輪と戦後』（河出書房新社、二〇二〇年）でも引用したが、戦災復興計画で上野・本郷一帯の構想を丹下健三とともに練っていた高山英華は、後に磯崎新による聞き取りで、日本の都市計画を貫くこのお祭り主義をこう評していた。

日本人はそういうこと（お祭り）がないと予算も力も出さないから——ということは、ぼく、どっかに書いたんだよ。そういうものは地域開発のひとつの手段としてはいいんだけど、こういう手段だけじゃないとモノはできない、というのはまずい。だから生活環境なんか遅れちゃうわけだね。……（日本の地域開発は）プラスアルファばっかりになっちゃって（笑）、基盤になっているのは、逆にいうと、ほかの基盤を薄めこそすれ、基盤じゃないもののほうへ総予算がいっちゃうという、そういう仕組みになっているわけだ。しかし、そのぐらい結集しないと結局何もできないということなんだ、日本人というのは。政府も。

（『都市住宅』第一〇二号、一九七六年）

つまり、大規模な公共用地の取得とインフラ整備の予算を引き出す日本的政治技術が、この国独特の「お祭り」であった。戦後日本人は、かつて「軍」の決定を錦の御旗としたのと同じように、「五輪」や「万博」、あるいは「国体」や「地方博」のような「お祭り」を錦の御旗とすることで開発を断行してきた。そしてこのお祭りドクトリンは、既存のインフラや仕組みが廃止されていく際にも有効に機能した。とりわけ、一九六四年の東京オリンピックが目指した「速い東京」のために犠牲にされたのは、「ゆったりとした東京」だった。オリンピックに向けて高速道建設や道路拡幅、そして自動車交通への一元化に邁進する運輸省と建設省は、前者は公共交通の管理、後者は道路建設と狙いは異なっていたのだが、路面電車を路上から放逐することでは一致していたのである。

しかし、もっと大きな歴史の文脈で眺めるならば、この時代、モータリゼーションを推進するために都心から路面電車を廃止していったのは日本だけではなかった。一九三〇年代から五〇年代にかけて、アメリカでは自動車産業や石油産業に後押しされて自動車利用が急拡大するが、そのなかで大都市に張りめぐらされていた路面電車網は次々に廃止されていた。今日では想像しにくいが、かつてはニューヨークやシアトルのような都市だけでなく、ロサンゼルスやデトロイトにも路面電車が張りめぐらされていたのである。それが三〇年代以降、自動車交通に邪魔だと次々に駆逐されていった。だからそうした歴史の変化の只中にいた占領軍将校たちが、日本の都市もいずれ同じ道をたどると考えても不思議ではなかった。本章で取り上げてきた山田正男は、戦後すぐの頃の次のような経験を述懐している。

地下鉄の問題は、僕が安本（経済安定本部）にいたとき、そのモスラー（占領軍公共事業担当官）といろいろ話をしたときに、あの路面電車を廃止したらどうかと向こうが言ったから、よしよしと。

じゃあ、地下鉄を造らなくちゃだめだということにした。地下鉄の予算をつけようというんだね。それじゃ、池袋線（現在の丸ノ内線）からやれ、ということになって、その金も少し安くなるように、……春日町から小石川へ行く電車道の下の計画だったんだ、オール地下のね。それを少し横にずらして高架にしたり、日の目が見えるようにしたんだ。

（山田正男『東京の都市計画に携わって』）

つまり、大きな文脈からするならば、路面電車から地下鉄への都心公共交通の転換や首都高速道路の建設は、戦後日本のアメリカニゼーションの一部である。そしておそらく、アメリカの場合と同じように、戦後日本の自動車業界や石油業界も、この路面電車廃止の方向を歓迎していたであろう。社会全体が、スピードアップとモータリゼーションの方向を向いており、路面電車が実現していたのは、それとは異なる文化的価値だった。結局、都営荒川線を唯一の例外として都電路線は一九七二年までに姿を消していったのである。

一九六〇年代、都電を誰が利用していたのか

だが、「速さ」が東京の追求する価値であると認めていたとしても、一九六〇年代の東京都民は、本当に都電の廃止がこの都市の不可避の未来だと考えていたのであろうか。このきわめて基本的な問いに、あらためて立ち返ってみたい。というのも実は、この点を明らかにしてくれる重要な意識調査が、一九六二年に東京都政調査会によってなされていたからだ。この調査は、東京の路面電車と自動車交通の関係について、「一般都民」「都電定期利用者」「オーナードライバー」という三種類の人々を対象になされたものだった。

この調査がまず明らかにしたのは、都電利用と社会階層との相関である。報告書は、都電を頻繁に利用するのは、「都民のうち勤労者であり低所得者である」という（図3－7）。それだけではない。調査は、それぞれの階層や職業、学歴について、都電とバスのどちらを選好するか尋ねているが、概して「学歴別にみると、学歴が低いほど都電の選択が多く、バスはその逆の傾向を示している」し、都電を選好する者は「主婦・旧中間層・新中間層・管理

図３－６　渋谷駅付近で，軌道内に溢れる車で立ち往生する都電
出所：『都電』東京都交通局，1971年.

者層の順になっており、バスの選択はその逆になっている」という（『東京の路面交通に関する三つの世論調査』東京都政調査会、一九六二年）。時代状況を反映して、ジェンダー・カテゴリーが「主婦」に限定されているという問題はあるものの、都電のヘビーユーザーは、高い階層よりも低い階層、高学歴よりも低学歴、そして主婦層に偏るという傾向があったことが見て取れる。つまり、都電は少なくとも一九六〇年代において、どちらかというと貧しき者、社会のなかで弱い立場の者にとってより大切な乗り物だったのだ。

注目されるのは、このような都電選好の偏りが、単に都電が安価だからというだけでなく、「都電の路線が市街地に細かく及び、交通機関として非常に便利」であることとも関係していたことだ。つまり、路面電車網の稠密（ちゅうみつ）さや駅間の距離の短さが、比較的階層の低い人々や学歴的に高くない人々の生活様式に適合していたと考えられる。前述の都電とバスのどち

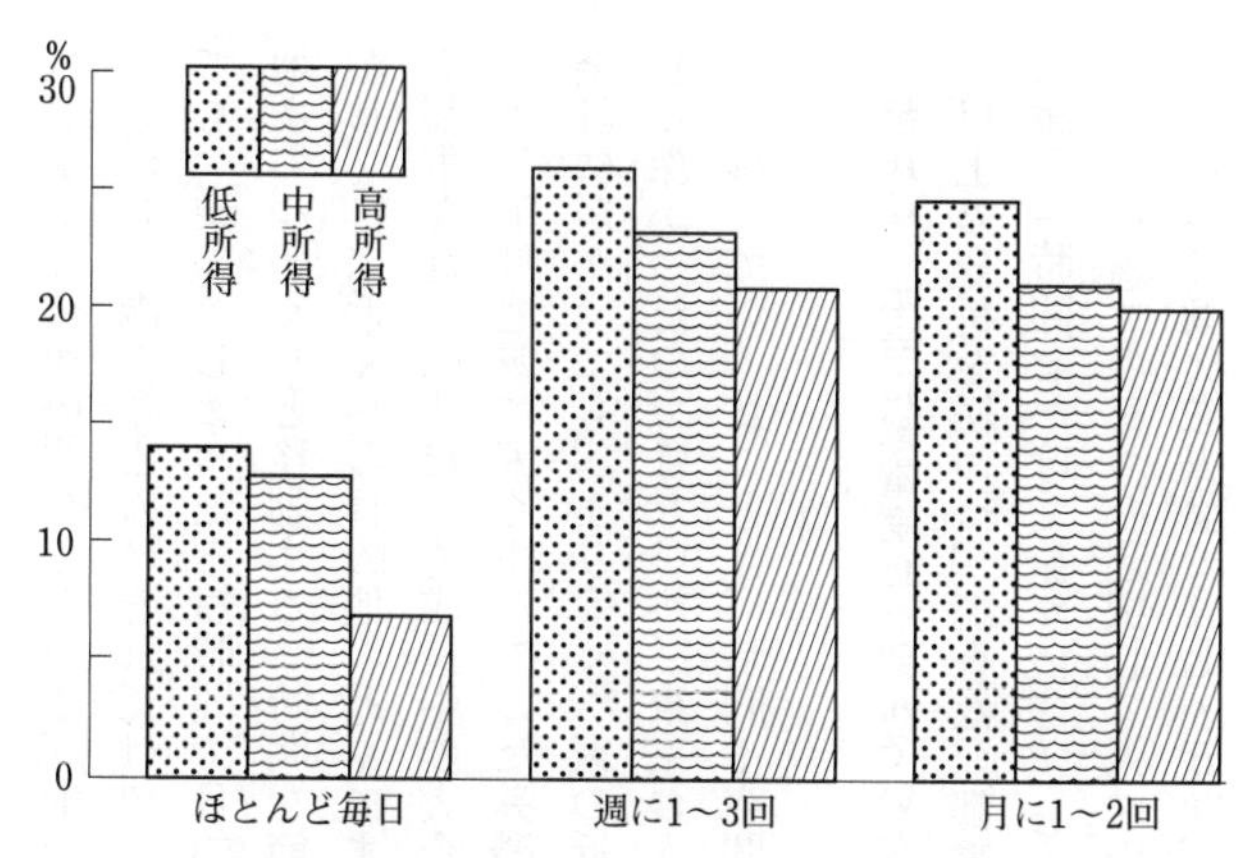

図3－7　所得階層別の都電利用頻度
出所：『東京の路面交通に関する三つの世論調査』東京都政調査会，1962年．

らを選ぶかを尋ねた質問は、そうした選好をする理由も聞いているが、都電を選好した者に多かったのは、「乗りつけている」「バスより料金が安い」「停留所が細かくある」「すぐ次の電車がくる」などの理由で、バスを選好した者に多かったのは「乗りつけている」「都電より早い」などの理由であった。習慣性は別にして、都電は待ち時間や停留所までの距離の短さによって、バスは目的地までの時間の短さから選好されていたらしい。

また、都電の選好には地域的にも偏りがあった。「都電の選択は都心地区と下町地区に多く、バスの選択は西南部地区・東部地区・山手地区に多い」傾向があり、これには『都電の路線が都心地区と下町地区に集中し、山手地区などの周辺住宅地帯には都電はなくバスが主要な交通機関などという、地域的な条件のちがい」が作用していた。

しかし、調査報告書はそれだけではないとも述べている。バスは停留所で待つ時間は長くても、乗ってしまったら短時間で目的地に着く。これに対して都電はすぐに乗れるが、目的地までゆっくりと移動する。時間を節約することが第一ならば、都電よりもバスを選ぶ。しかし、自宅近くから目的地の近くにまで運んでくれることが大切と考えているなら、遅くても都電を選ぶはずだ。急成長中の大企業社会では、人々は時間の短さを優先する。しかし、いまだ下町地域に広く住んでいた労働者層や中小の商店主、主婦層にとっては、時間は多少余計にかかっても、より安く、家の近くから目的地まで路面電車で移動する生活のほうがなじみ深かったのではないか。東京の人口重心が都心・下町地域から山の手や西部、南部の郊外に移っていったことは、時間や空間に対する意識の変化と一体だったのである。

都民は、本当に都電廃止を望んでいたのか

以上の分析を経つつ、調査は、都電の今後について、「いますぐ全面的にはずす」(即時撤去論)、「時間をかけて徐々にはずしていく」(漸次撤去論)、「ここ当分はずす必要がない」(当分存続論)の三つの選択肢で人々の意見を聞いている。その結果だが、都民全体で最も多かったのが漸次撤去論で五七・五％、二番目が当分存続論で二一・三％、最も少なかったの

が即時撤去論で一〇・三%だった。つまり、一九六〇年代初頭、東京都民全体のなかで、都電網を早急に廃止すべきだと考えていた人は、約一割にすぎなかったのである。これに対して二割以上の人が、都電網は存続されていくべきだと考えていた。そしてマジョリティの六割近くは、時間をかけて吟味しながら廃止に向かっていくのが良いと考えていた。

すでに述べた都電利用の階層的偏りからも想像できるが、都電は今すぐには廃止されるべきではないと考えていた人は、高所得層よりも低所得層に、管理的業務に就いている人よりも旧中間層（商店主や雇人）や主婦層に多かった。調査は回答者の月収を、一万五〇〇〇円未満の貧しい層から一〇万円以上の富裕層まで六つの層に分けて意見分布を調べているが、月収一万五〇〇〇円以下の層では、即時撤去論は六・一%にすぎず、当分存続論が二五・七%に達していた。これに対して月収一〇万円以上の層は、一六・二%が即時撤去を支持しており、当分存続論は二・七%にすぎなかった（図3-8）。

両者の間には、質的と言っていい都市に対する関わり方の違いがあり、その分断線は月収二万円前後にあったと考えられる。というのも、月収一万五〇〇〇円～二万円の層では、即時撤去論が八・二%、当分存続論が二五・二%と、最も貧しい層とあまり傾向が変わらないのに対し、月収二万円～三万円の層になると、即時撤去論が一四・六%に跳ね上がり、当分存続論は二一・八%に減っていた。ちなみに一九六一年のサラリーマンの平均月収が約二万円である。つまり当時、二万円以上の月収を得ていた層は、平均的なサラリーマン以上の生活ができた層ということになり、そのような層は都電廃止に傾き、それ以下の層は都電存続に傾いていたと大まかには言えるだろう。

貧富の差と都電存続をめぐる意見の違いが緩やかに対応していたことと並んで興味深いのは、この意見の違いがジェンダーとも対応していたことである。当時の社会状況を反映し、ジェンダーと直接関わるカテゴリーは「主婦」という分類でしか調査されていないが、その主婦層は即時撤去論にきわめて否定的で、七・六%しか支持していない。これに対して当分存続論は二二・一%である。この主婦たちの意見と対照的なのは、ほぼ男性からなっていたと想像される「管理者層」で、二一・八%が即時撤去論を支持し、都電を存続させてもいいと考えていた人々は九・三%にすぎない（図3－9）。このように収入にジェンダーを重ねて考えれば、当時、強者は都電など早々に駆逐されるべきだと思っていたのに対し、弱者はできるだけ都電を存続してほしいと考えていたという全体像が見えてくる。

このような都電存廃に関する意見の階層的、ジェンダー的な偏りを地域的な意見の分布と結びつけて考えると、当時の人々の間での路面電車の受けとめられ方の興味深い布置が浮かび上がってくる。一方で、都心（千代田区、中央区、港区）や下町（台東区、墨田区、江東区、荒川区）、それに東京北部（北区、板橋区、練馬区）に住んでいた人々では都電は存続される

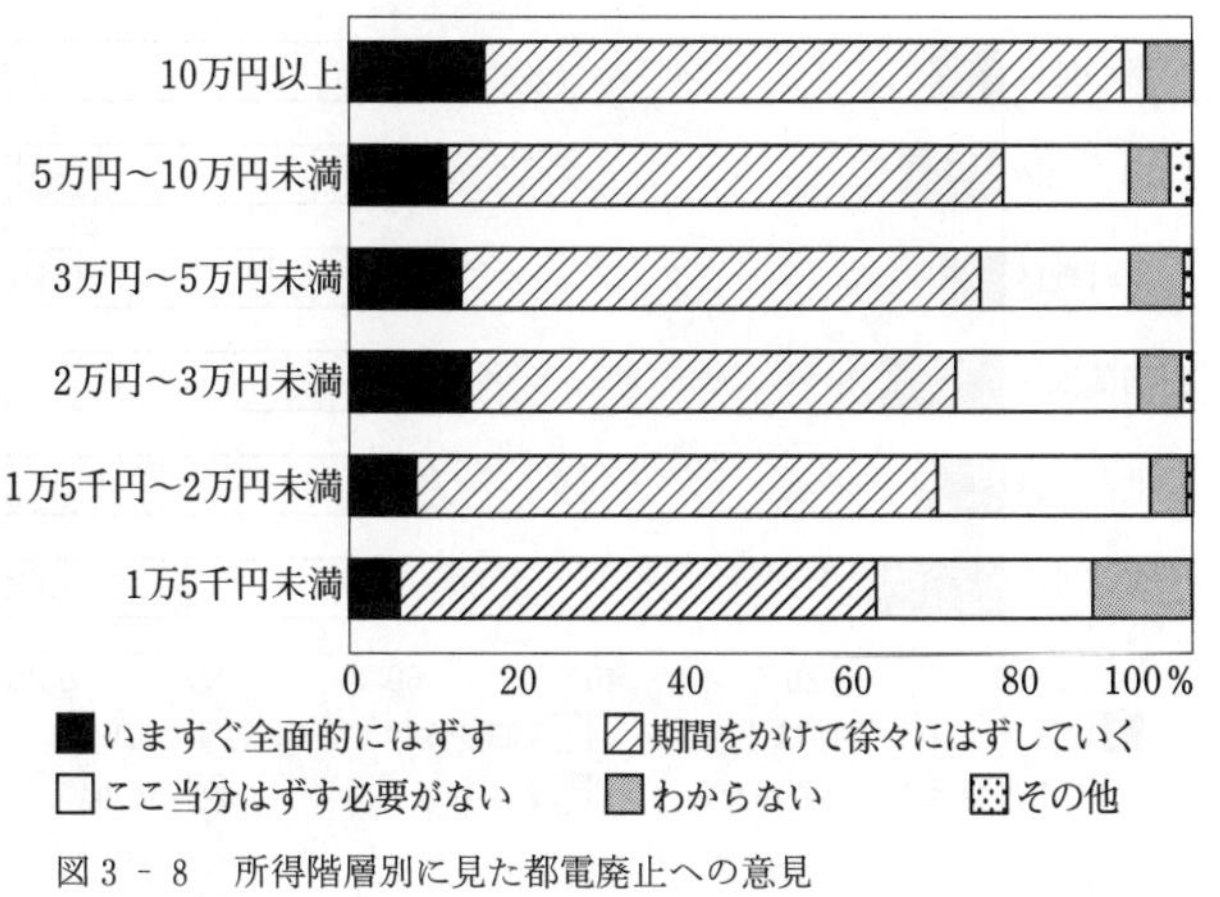

図３－８　所得階層別に見た都電廃止への意見
出所：同前.

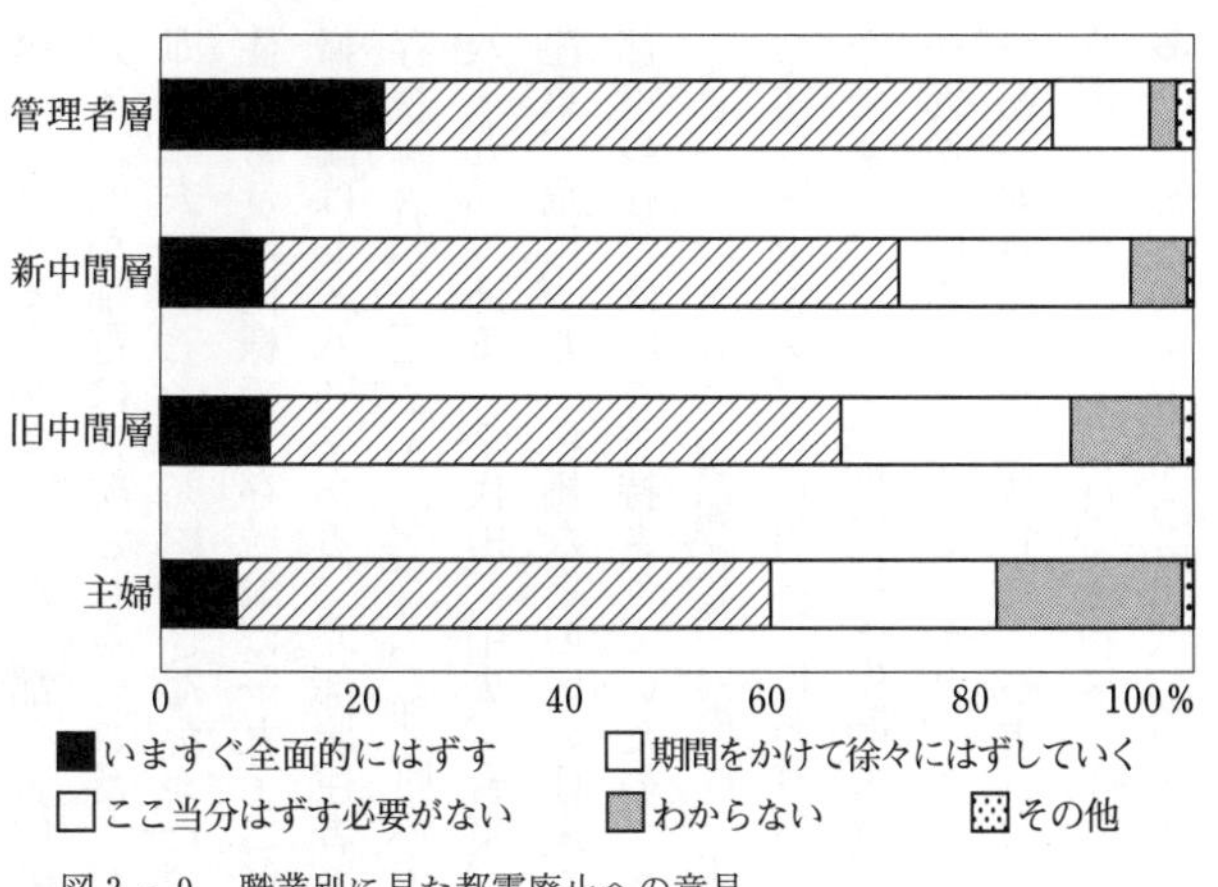

図３－９　職業別に見た都電廃止への意見
出所：同前.

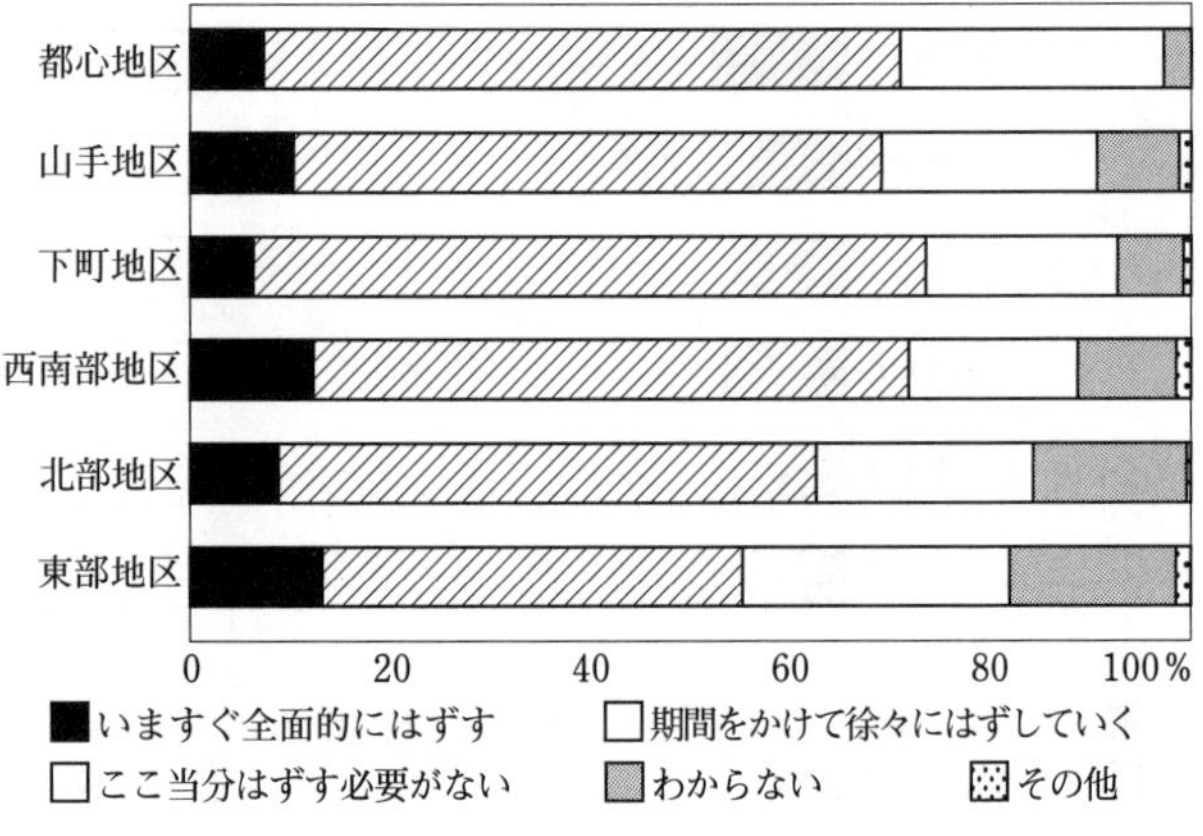

図3－10　居住地域別に見た都電廃止への意見
出所：同前.

べきと考える人が多かった。都心居住者では二六・六%が都電は存続されるべきだとしており、即時撤去論は七・三%にすぎなかった。下町居住者もほぼ同様で、存続論は一九・二%、即時撤去論は七・八%である。北部居住者の場合、存続論者が二一・六%おり、即時撤去論者は八・九%である。千代田、中央、台東、墨田、江東、荒川、北、板橋などの区の住民によって、都電の存続は広く支持されていたのである。

しかし、より一層興味深いのは、東京東部(足立区、葛飾区、江戸川区)における意見の分布である。この東部の住民の間では、一三・一%が即時撤去を主張しており、これは一二・三%が即時撤去を支持していた東京西南部(目黒区、世田谷区、品川区、大田区)よりもさらに多い。ところが東部の場合、当分存続論も二六・七%おり、これも諸区域のなかで最も高い数値を示していた（図3-10）。つまり、撤去か存続か、意見が完全に分裂していたのである。西南部では撤去論が多く、存続論は相対的に少なかったが、東部では撤去論も存続論もともに多かった。このことは、東部では豊かな層と貧しい層との階層差が相対的に大きかったことと関係するのではないかと想像される。つまり、稠密な都電網があった地域となかった地域で都電存廃についての住民の意見は当然ながら異なるが、同時に住民の階層的構成も意見の分布に強く影響していたのだ。

付言すると、この都電存廃に関する意見の分布は、保守か革新かというイデオロギー上の立場とはあまり関係がなかったようだ。調査では、撤去か存続かという意見と政党支持の関係を調べているが、当分存続論は民社党（民主社会党）の支持層に極端に少なく、自民党（自由民主党）と社会党の支持層にともに多い。すなわち、自民党支持層は二二・〇%が、社会党支持層は二〇・四%が都電存続を支持していた。保守であれ革新であれ、左右を問わず都心や下町に住んでいた庶民層は存続派で、西南部や東部に住んでいた富裕層や管理者層は撤去派だったのではないか。つまり、都電の未来がどうなるべきかということについての意見は、政治体制がどうなるべきかという考えとはそれほどには関係なく、むしろ都市や日常生活についての考え方と関係していたと言える。

さらに、都電網の早急な廃止に否定的な意見は、当然ながら「都電定期利用者」により強かった。このカテゴリーの人々で、一番多かったのは漸次撤去論で五四・一%、次が当分存続論で二六・一%、最も少ないのが即時撤去論の九・三%だった。他方、「オーナードライバー」では、最も多いのは同じく漸次撤去論で五六・〇%、次は即時撤去論で三一・三%、当分存続論は五・六%に減っていた。より興味深いのは、オーナードライバーのなかでも階層の高い者ほど即時撤去論に傾いていたことである。調査はオーナードライバーの階層を三層に分けてクロス集計をしているが、漸次撤去論が低所得層では六六・七%いたのに対し、高所得層では四八・四%にすぎず、即時撤去論が三五・二%と、すべてのカテゴリーのなかで最も高い率を示していた。さらに調査は、オーナードライバーの即時撤去論者にその理由も尋ねているが、最も多かった理由が「路面交通の邪魔になる」(八七・三%)だったのは予想通りだが、その次に多かったのは、路面電車は「近代都市の交通機関としてふさわしくない」という答えで、五一・九%も占めていた。

結局のところ、一九六〇年代、路面電車の東京からの即時撤去は、決して都民の多くが賛成していた都市の未来ではなかったのである。都民の二割は都電の継続を望んでおり、さらに多くの人々が、廃止に向かうとしても時間をかけて吟味しながら路線を減らしていくべきだと考えていた。ところが実際には、一九六四年の東京オリンピック前後の都市改造で、都電はほぼ一挙にとも言えるスピードで廃止されていった。その際の主要な理由は、自動車交通の邪魔になるというものだったが、このような理由も都民から支持されていたわけではない。たとえば調査は、都内の交通混雑について、「狭い道路に自動車やトラックが集中するのが一番の原因だから、自動車の交通をもっときびしく制限すべきだ」という意見と、「狭い道路に都電が走っていることが、混雑する主な原因だから、都電の方を制限すべきだ」という意見のどちらに賛成かを尋ねているが、自動車の制限に賛成する者（車制限派）は五〇％いたのに対し、都電の制限に賛成する者（都電制限派）は三〇％だった。

　この車制限派と都電制限派の意見分布も、階層や職業、居住地についてすでに述べてきたのと同様の傾向を示していた。階層的には、高所得者では車制限派が四二・八％なのに対して都電制限派も三八・六％いたが、低所得者だと車制限派は五三・一％なのに対して都電制限派は二八・四％と、都電を制限すべきだと考えていた人は自動車を制限すべきだと考えていた人の半分にすぎなかった。職業的にも、管理職だけ四四・五％の者が都電の制限に賛成していたが、事務職、職人や単純労働者、主婦などの場合には、いずれも都電の制限に賛成していた人は二〇％台にすぎなかった。さらに居住地域では、交通混雑が最も深刻だった都心地域の居住者では、六三・七％が車制限派で、都電制限派は二一・〇％にすぎなかった。そして、交通渋滞に対する対策として、「自動車やトラックなどを制限して、都電やバスを先に通すべきだ」という意見に賛成していた人も、都民全体の五六・六％に達していた。多くの都民のリアリティとして、交通渋滞の原因は都電がのろのろと走っていることにあるのではなく、そもそも自動車の量が多すぎ、またそれに比して道路の幅が狭すぎることにあり、都電への非難は責任転嫁にすぎないと認識されていたのである。

路面電車早期撤去論を批判する

以上のような世論の傾向は、当時の新聞投書からも確認できる。たとえば、一九五九年三月三日の『毎日新聞』には、「都電廃止論に反対する」と題した次のような投書が載っていた（以下、投書は匿名に改めた）。

◇最近、自動車の激増による交通難から都電廃止の声がきかれるが、あまりに一方的感情論に過ぎはしまいか。この意見はただ自動車側の利益のみを考えて都電の存在理由を無視したものである。都電を廃止するかどうかは、もっと大局的に総合的に都電そのものが必要であるかどうかという点を検討さるべきである。現在都電が各線とも昼間の間はほとんどいっぱいのお客を乗せて走っていることをみれば都電を廃止してよいかどうかは自明のことであろう。低所得者にとって都電は気安く利用できる唯一の交通機関だと思う。たとえスピードは出ないとしてもほとんど交通事故を起こさない安全な交通機

関なのである。……（東京目黒区・男性・50歳）

◇我々都電利用者は都電に対して限りない魅力を感じている。それは金が安いということだけではなく、大通りをゆうゆうと走る大きな電車、そのみはらしのよさをそのゆるいテンポの中に感ずるのである。それがもし全部地下を通ることになるとなんと味気ないことだろう。貧乏人を地下に放逐して地上は専用車族で独占しようというのだろうか。

（埼玉県・学生・21歳）

これらの新聞投書を読むと、一九五〇年代末の時点で、少なからぬ東京都民が都電の必要性や文化的価値を的確に理解していたことがわかる。当時の日本人は、決して東京オリンピック開催を手放しで喜んでいたわけではないし、自動車がいかに便利だからといって、都市から路面電車が消えてしまっていいと考えていたわけでもないのである。当時、人々が路面電車の価値として評価していたのは、気安さや身近さ、乗りやすさ、安全性、排気ガスがないこと、震災や戦災でも容易に復旧すること、みはらしの良さなどで、これらは地下鉄や自動車に代替できるものではなかった。

たしかに五〇年代半ば頃には、路面電車は遅滞がかなり多くなっていたが、その最大の原因は自動車の渋滞だった。つまり、路面電車のスピードが遅くて自動車の渋滞がひどくなったのではない。事実は逆で、狭い道路に対して自動車の数が多くなりすぎて渋滞が悪化し、そのあおりで路面電車が遅くなっていたのである。だから当時の新聞は、「現在都内の自動車は十八万台といわれ、交通量も戦前をしのぐこと十万台という増加ぶり。都電は自動車と自動車にはさまれて立往生することはざらだ」と述べていた（『朝日新聞』一九五四年四月一二日）。車道から電車軌道に溢れ出た自動車が路面電車を立往生させてしまっていたのであり、逆ではない。路面電車の運行を正常に戻そうとするならば、路面電車の撤廃ではなく、電車軌道からの自動車の排除こそ採用されるべき交通政策のはずであった。

こうした認識は、この時代の都市交通の専門家たちにも共有されていた。当時、運輸省官僚で交通工学の代表的専門家だった角本良平（かくもとりょうへい）は、一九六〇年の著書で、大都市の路面電車全面撤去に批判的な立場を取っている。彼は、大都市の公共交通が置かれている状況を、「自動車の普及は従来の公共交通機関に甚大な影響を与えている。欧米では特にその影響は深刻で、まず乗用車によって顧客を奪われたための収入減があり、更に路面混雑による速度の低下、経費の増大がある。このため経営が悪化し運賃値上げのやむなきに至るのであるが、値上げの結果、更に顧客の減少、サービスの悪化、次の値上げの必要という悪循環に陥っている」と的確に把握していた（角本良平『続・都市交通』交通協力会出版部、一九六〇年）。

だから彼は、彼自身が属する運輸省の都市交通審議会の答申が出そうとしていた路面電車撤廃の方針に批判的だった。角本はまず、利用者への影響の観点からすると、「路面電車の利用者は毎日、東京１９０万人、大阪１２０万人、名古屋市70万人と非常に多いのであり、その撤去は沢山の人々の利害に関連している」ことを強調する。路面電車撤去は、まず何よりもそれほどに膨大な数の利用者が直ちに影響を受けることを最優先で考えなければならず、そこで重要なのは、それらの利用者が「今まで受けていたと同じ輸送サービスが得られるか否かと、得られるとしても、いくらの価格で得られるか」であるとする。ところが、地下鉄網が十分に整っていない現状で、一方的に路面電車だけを廃止してしまっては、利用者が今までと同じ便益を受けられることにはなり得ないのである。

他方、路面電車を路線バスに切り替える方針に対しては、「路面電車１台はバス３台に代替され、しかも路面電車が道路中央に直線方向で運転されるのと異なり、バスは停留場毎に蛇行運転を行うから、折角撤去してもその効果は乏しい」との意見も紹介し、そのような切り替えをした海外の都市があまり成功はしていない例にも触れ、「大都市では多数のバスが個人交通と並存することは今日の市街軌道に比べて交通難を一層助長する」というドイツの交通工学者カール・ピラートの主張を紹介していた。

このようなわけだから、諸外国の現状を見ても、早々に街々の路面電車撤去に向かったアメリカとは異なりオランダ、西ドイツ、スイスなどの都市は自動車交通が混雑してきても路面電車は維持する方針を変えていなかった。とりわけドイツで「路面電車は、列車組成の可能性により、またより大きな車両の配置により、バスやトロリーバスよりも、優位を占めている。路面電車を無軌道の交通機関に取替えることによって、あらゆる場合に交通事情を改善できると考えるのは誤まりである」との指摘を引用している。こうしてドイツでは、大都市のみならず中規模の都市でも、都心の交通は相変わらず路面電車によって担われ続け、何かに代替されるべきとは考えられていなかったのである。

当時、同様の指摘は他の専門家からもなされていた。蔵薗進は、「日本における路面電車は従来から長い間都民に親しまれてきたものであり、それにはそれなりの理由がある筈（はず）である。都市交通政策の一環として路面電車をどう処理するかということを考える場合、われわれは都民の存在を忘れてはならない。都民の立場つまり路面電車の公共性の実態を明らかにして撤廃論の正否を判断しなければならない。そういうことを十分に検討しないで一方的に路面電車を廃止することは都民に過重な不便と不利益を及ぼすことになる」と、やはり都市交通審議会が向かっていた都電撤廃の方針を批判していた（蔵園進「都民と交通機関」『首都交通研究』第四編、首都交通研究会、一九五九年）。要するに、東京オリンピック開催決定を受けて都市交通審議会が急遽（きゅうきょ）出した結論に、専門家たちは同意していなかったのである。

蔵薗がこれを論じた一九五九年、東京都内の路面電車は四〇系統に分かれ、四七一の停車駅が分散し、一日平均九五七台の車両が動き回っていた。駅の平均間隔は三九二メートル、車両の平均速度は時速一三・八キロである。国鉄や私鉄とは異なり、都電は典型的なスローで稠密なモビリティであった。その路線を、毎日約一四七万人が利用していたのである。そして、その利用者の約七割の移動距離は四キロ未満にすぎなかった。つまり人々は、四キロ圏以下の近いところの移動に路面電車を使っていた。蔵薗は、これらの細かいデータを挙げながら、都電が他の国鉄や私鉄のような「通勤輸送機関」なのではなく、「網状輸送機関」なのだという点を示していた。都電の乗客は、この「網」がかかっている地域に分散し、しばしば一定の地域内を細かく移動していた。他の多くの鉄道が点と点を結ぶ線の仕組みであったのに対し、都電はネットワークの広がりにこそ意味がある面の仕組みだった。

たしかに、交通工学の専門家たちは、路面電車網が徐々に地下鉄網に代替されていくことを否定していたのではない。いずれ、地下鉄網が東京全域に行き渡れば、都電が徐々に役割を終えていくと彼らは考えていた。しかし、彼らは廃止される都電の代替に路線バスがなり得るとは考えていなかったし、自動車交通を円滑化させるために都電を廃止するのは、現に都電を利用している人々に著しく不正義なことだと考えていた。だから地下鉄が開通した路線についての都電廃止はともかく、都電全廃は望ましいことではなかったのだ。

そして実際、角本が示していたように、同時代の海外の都市が等しく路面電車廃止に向かっていたわけではない。路面電車廃止に熱心なのは、自動車産業や石油産業に後押しされてモータリゼーションに突き進むアメリカだったが、大陸ヨーロッパの諸都市は違う考え方をしていた。自動車の氾濫は、都市文化の基盤をなす公共性を破壊する。ヨーロッパはすでに一九六〇年代から、ポスト自動車の時代を見据えていた。ところがすべてアメリカ一辺倒の日本では、東京をはじめ多くの都市が、一挙に路面電車全廃に向かったのである。

都電全廃政策の転換を訴える

そして、次々に都電軌道が撤去され、東京の都市風景から路面電車が消えてしまう一九六〇年代末になると、この「全廃」への流れを疑問視する声が各方面からあがっていた。そうした機運が顕在化するのは七〇年前後で、都電廃止が墨田区や江東区の路線にまで及ぶに至り、これらの区民から廃止反対の運動が湧(わ)き起こってきたことが大きかった。これらの区では、地域を南北に結ぶ交通機関が都電しかなく、都電廃止は生活に直接ダメージを与えるものだった。そこで、「代替バスでは都電のかわりにならない」「運賃値上げを認めてもいいから存続させるべき」といった切実な声が発せられていった。

この要望では、区側も住民たちと連帯していた。たとえば墨田区の山田四郎区長は、撤去反対の要望の先頭に立ち、「わたしゃね、本所生れの本所育ちだが、都電は下町っ子にとってゲタみたいなもんだ。都心や山の手と同じ感覚で考えてもらっちゃ困る。／昭和六年に早稲田をでて区役所にはいったが、二日目に「安くて安全　われらの市電」とかいった宣伝幕を書いた覚えがある。電車というものは、いつだって赤字だよ。もうけようとすること自体、まちがってる。／それに関東大震災のときの経験だが、道路が割れ、橋がバタバタ落ちたけれど、電車軌道はがんじょうだったので避難路になった。江東地帯の地震対策にもなるのだから、存続させてもらいたい」と訴えていた（『朝日新聞』東京版、一九七一年二月八日）。都電は私たちの地域の下駄なのだから、勝手な国の都合で奪わないでほしいとの要望である。

ようやく浮上したこの種の問い直しで、人々が口々に語るようになったのは、自動車優先社会への疑問だった。たとえば、「鉄道友の会」の幹部は、一九六〇年代初頭からの都電撤廃を振り返り、「交通のじゃまになるといって電車を追出し、だれが得をしたでしょうか。沿線の人たちは不便になり、車だけがわがもの顔に走り回った。その車もいまでは動きがとれない。都電撤去は目先の対症療法でしかなかったようです」と語り、都電運行を支えてきた東京交通労組委員長は、「車がすべてのものに優先する、といった錯覚や情報に、みんながおどらされたような気がする」と語っていた（同、一九七一年二月八日）。

一九七〇年代初頭、こうした意見は一般にも共有されるようになっており、ある一九歳の若者は、「都電を撤去してもクルマの渋滞はなくならない。むしろ、都電軌道敷から車を追出した方がいい。そうすれば都電がもっと速くなり、利用客がふえる」と率直に主張していた（『朝日新聞』東京版、一九七一年二月九日）。数年前まで、「都電が自動車交通のじゃまをしている」と多くの人が考えていたその発想に、実は大いなる錯誤があったのだ。『朝日新聞』の「東京版デスクに寄せられた七十八通の投書のうち、代表的な意見」とされた次の発言は、この基本的な事実にごく普通の人々が気づき始めたことを示していた。

都電廃止の理由の一つに、利用客が減ったことがあげられています。なぜそうなったかを考えると、せかせかした現代に追いつくにたるスピードを持ちあわせなくなったからでしょう。しかも、その最大の原因は、軌道敷内への車の乗入れを許したからです。都電が交通渋滞をもたらしている、という説明に、みんながだまされていたのです。

（『朝日新聞』東京版、一九七一年二月一九日）

その一方、都電の代替として導入されたバスは不評だった。乗客からは、「代替のワンマンバスは時間通りきたためしがない。いつも混んでいて、乗せてくれないときもある」（高校生、一七歳）とか、「騒音、不定期代替バス、交通渋滞……と、都電がなくなって、良いことは一つもない」（僧侶、四八歳）といった声が聞かれた。これらは、バスの運行が不安定なことへの不満だったが、都電は「都と直結している庶民の足。これこそ、美濃部さんのいうシビル・ミニマムではないでしょうか。それをバスにかえるなんて、クルマ企業に都政が押されている感じ」（主婦、四〇歳）とか、「バスにすれば排気ガスが多くなる。都が公害のモトをふやすのはおかしい」（高校生）と、都電の持っていた環境価値や公共性に焦点を当てた意見もあった（以上、『朝日新聞』東京版、一九七一年二月九日）。

再発見された都電の価値とは何だったのか。一方でそれは、生活面での公共的価値だった。たとえば、ある二五歳の工事作業員は、「地下鉄工事の飯場へかよっているが、都電は便利だった。それに交通事故が起きても車より安全なので、心配しないで乗れる。バスはこわい」（同、一九七一年三月二四日）と語っていた。他方、七〇歳の葛飾区住民は、「地下鉄は、駅が近くにあっても、階段の上り降りでとても疲れます。都電をなくさないで」（同、一九七一年二月九日）と訴えていた。前者は都電の安全性を、後者は都電がバリアフリーであることを強調している。これらの価値を、次の杉並区在住の男性の投書は総合している。

都電は一人当りの道路占有面積が、車に比べてきわめて少ないことに注目すべきです。欧米諸国と違って、東京はよほどの大改造をしない限り、車にあった町ではないのですから、大衆輸送機関として都電はこの上ない存在です。

それに安全です。めったなことで人を殺したり傷つけたりしません。……また、衛生的です。排気ガスなど出しません。そして、ふだん着のままで乗れる。いわば、人間味があふれています。

（『朝日新聞』東京版、一九七一年二月一九日）

もう一つ、一九七〇年代に入って都電の価値として再評価され始めたのは、その文化的なポテンシャル、あるいは人々のコミュニケーションの媒体としての価値である。あるビル清掃員をしていた女性は、記者の質問に答え、「都電だと車掌さんと話をしたり、客同士があいさつしあったりして人間味がありました。それが、バスになったとたんに、みんながあいさつもしなくなってしまい、どうなったんだろうかと思っています。バスは事務的でつまんないです」と話していた（『朝日新聞』東京版、一九七一年三月二四日）。都電は東京の文化風景に欠かせぬ要素だとの主張もすでになされており、次の投書はそうした典型である。

江戸の名ごり、明治の情緒をとどめる上野不忍池付近こそ、ちんちん電車を残すのにふさわしいところです。いまある線を池の両側に延ばし、池を一周できるようにしたら、新しい東京名物にもなるでしょう。祝日と都民の日（十月一日）には無料にでもしたら、都民はかっさいをおくります。

（『朝日新聞』東京版、一九七一年二月一九日）

今日ならば、路面電車を復活させることで上野一帯の街づくりをしようということになり、これはまさに私が『東京裏返し』（集英社新書、二〇二〇年）で提案したことでもあるのだが、実はそうした発想は、半世紀も前からあったのである。これは逆に言えば、都電を廃止し、速さだけを追求した東京は、自らの文化価値を失ってしまったという認識が七〇年代初頭に広がり始めていたことを意味している。杉並区在住のある学校教員は、「東京をこれ以上、無味乾燥なものにしないために（都電は残すべきだ）。チンチン電車は、ぶかっこうではない」（『朝日新聞』東京版、一九七一年二月九日）と端的に主張していた。

以上のような東京都民からの都電撤廃反対の声は、人口と経済を理由により速く成長する東京を求めた丹下健三や山田正男の都市論よりも、コミュニティを重視し、生活と文化の成熟を目指した石川栄耀の都市論と響き合っているように思われる。このことを傍証するのは、墨田・江東両区から湧き上がってきた一連の都電撤廃反対の声について語られた都市社会学者磯村英一の次のようなコメントである。

江東地区の人たちが都電撤廃反対をいいだしたのは、おもしろいですね。あの地帯は、明治末期から親工場、下請け、住込み寄宿、家庭内職などが集り、コミュニティーの連帯が強かった。／そのなかで、都電は、いわば地域社会のつながりの「神経」となり、利用され、親しまれてきた。サンフランシスコのケーブルカーを市民が守っているのもそれと同じで、銀座の路面電車撤廃とはわけが違います。都市改造は単なるメカニズムいじりではいけない。下町というコミュニティーのシンボルとして、都電を存続させるのに大賛成です。住民がこれまでの経験から都電の必要性を感じとったのなら、すなおにきいて、検討し直すべきです。

（『朝日新聞』東京版、一九七一年二月八日）

かつて拙著『都市のドラマトゥルギー』（弘文堂、一九八七年）で詳細に論じたように、磯村は都市社会学者として最初に「盛り場」の本格的分析を重ねた人物である。彼の盛り場論の核にあったのは、ムラ的な結合とも職場的な結合とも異なる第三空間における「なじみ」の人間関係の形成であり、この概念は、都市計画的な観点から石川栄耀が思い描いていた戦後都市における「盛り場」の姿とも呼応していた。この文脈を踏まえるならば、ここに掲げた磯村の発言は、もしも生きていれば石川栄耀の発言ともなっていたであろう。

本章で論じてきた石川栄耀らによる東京復興のビジョンから、山田正男に導かれて進んだオリンピックシティ東京建設への転回は、単なる世代交代による継承ではなかった。それは東京をめぐる考え方の、つまりはパラダイムの転換だった。一九五〇年代末までに、東京は

「愉しい都市」ではなく「速い都市」を目指すようになっていたのであり、山田はそれを牽引した。そしてその延長線上で、この都市の水辺は首都高速道路で蓋をされ、路面電車はほぼ全廃されたのである。しかし、東京がそのようにして過去を切り捨てるようになってから十数年、七〇年代初頭には、内部からの問い返しがなされ始めていた。一九七一年三月三〇日の『朝日新聞』の「天声人語」は、こうした都電撤去が進むなかでの人々の意識の変化を次のように要約していた。本章の最後に少々長くなるが引用しておこう。

> 東京の路面電車がまた五路線、あす限りで撤去になる。東京をはじめとして全国的に路面電車は撤去、全廃に向って動いているが、これに対して、あちこちで撤去反対の声が出はじめた▼消えていく古いものへの郷愁も人々にある。しかし感傷だけではない。自動車の邪魔だからと追放して、その結果だれが得したか。わがもの顔をして車だけ走りまわっている。その車もたちまち動けなくなった。輸送能率が高く公害もない路面電車を捨てたのは間違いだったというのだ▼なくなった獅子文六さんが、ちんちん電車の乗りごこちのよさを古女房にたとえて書いていた。バス、地下鉄、国電、タクシー。そのどれよりも都電には安らぎがある。ぶつけられてもつぶれない街頭の強者で、しかも滅多に人をひかない。ノロマだが、あれで見かけによらず速く走る▼ちんちん電車の運

転手、車掌がまた実にいい。老人、子どもの客扱いは行届き、割込み運転はやらず、車に強引に割込まれても舌打ちなどはしない。なにか人生あきらめを知っているふうがあった。そして、ちんちん電車が消えはじめて急速に町は悪くなった。行儀わるくなり、ひからびていった▼撤去前には、路面電車は貧困の象徴だとか、あんなもの世界中が捨てているんだなどという議論が優勢だった。実はそうではなかったらしい。乗用車の保有率が日本の六倍という西独では、逆に効率の高い路面電車を増設さえしている。かたよった情報にひきずられて、日本は安易に撤去を急ぎすぎたのではないだろうか▼……

(『朝日新聞』一九七一年三月三〇日)

第Ⅳ章

カルチャーの時代とその終焉

——東京からＴＯＫＹＯへ

地上げの嵐が過ぎ去った中央区月島（1991年3月）．
写真：毎日新聞社．

1　豊かな社会で復活する「文化国家」

経済中心から文化重視へ――大平首相の施政方針演説1979

敗戦直後、一九四〇年代末から五〇年代にかけて、左右両陣営であれほど盛んに論じられていた文化国家論は、五〇年代後半になると影が薄くなり、それから二〇年近く、国のかたちをめぐる議論としては語られなくなる。六〇年代を通じ、さらに七〇年代に入っても、国のレベルで語られるのは、経済成長であり、国土開発であり、物質的な豊かさの実現であった。ところがこの「文化」から「経済」に大きく振れていった振り子が、再び「文化」のほうに一気に戻ってくるかのように思われた瞬間があった。それが、一九七〇年代末から八〇年代にかけての時期で、それは高度成長の結果、経済的な豊かさと安定をほぼ実現した日本人が、再び「文化」や「心」の豊かさとは何かを考えようとした束の間でもあった。

振り子の反転を象徴的に示したのは、何と言っても一九七九年一月二五日、大平正芳(おおひらまさよし)首相が国会で行った施政方針演説である。大平はこの演説を、次のような言葉から始めた。

　戦後三十余年、わが国は、経済的豊かさを求めて、わき目も振らず邁進し、顕著な成果をおさめてまいりました。それは、欧米諸国を手本とする明治以降百余年にわたる近代化の精華でもありました。……

　しかしながら、われわれは、この過程で、自然と人間との調和、自由と責任の均衡、深く精神の内面に根差した生きがい等に必ずしも十分な配慮を加えてきたとは申せません。いまや、国民の間にこれらに対する反省がとみに高まってまいりました。

　この事実は、もとより急速な経済の成長のもたらした都市化や近代合理主義に基づく物質文明自体が限界に来たことを示すものであると思います。いわば、近代化の時代から近代を超える時代に、経済中心の時代から文化重視の時代に至ったものと見るべきであります。

　われわれが、いま目指しておる新しい社会は、不信と対立を克服し、理解と信頼を培いつつ、家庭や地域、国家や地球社会のすべてのレベルにわたって、真の生きがいが追求される社会であります。各人の創造力が生かされ、勤労が正当に報われる一方、法秩序が尊重され、みずから守るべき責任と節度、他者に対する理解と思いやりが行き届いた社会であります。

大平は決して能弁な政治家ではなく、その「活舌（かつぜつ）の悪さ」には定評があったが、しかしこの演説には明晰（めいせき）な論理が通っていた。大平がここで新しい日本の政治の柱としたのは、「文化の時代の到来」「地球社会の時代」「信頼と合意の政治」の三つだった。すなわち、グローバリゼーションと成熟社会、信頼が新しい時代のキーワードで、それには文化こそが経済に代わって価値の主軸になるべきだというのが、新総理としての彼の主張だった。

彼はさらに、そのような文化の時代には、都市と農村、中央と地方の関係の組み直しが必要になってくると主張していた。これからの日本では、「都市の持つ高い生産性、良質な情報と、民族の苗代（なわしろ）ともいうべき田園の持つ豊かな自然、潤いのある人間関係とを結合させ、健康でゆとりのある田園都市づくりの構想を進めてまいりたいと考えております。緑と自然に包まれ、安らぎに満ち、郷土愛とみずみずしい人間関係が脈打つ地域生活圏が全国的に展開され、大都市、地方都市、農山漁村のそれぞれの地域の自主性と個性を生かしつつ、均衡のとれた多彩な国土を形成」すべきである。つまり、経済から文化へという方向転換は、集中から分散へという方向転換と結びついていた。田中角栄（たなかかくえい）が国土開発路線の究極とも言うべき「日本列島改造論」をぶち上げたのは一九七二年のことだった。それから六年余、大平は明らかに田中とは異なる日本の未来像に照準していた。大平が描いていた日本の未来は、丹下健三や山田正男が推進した高度成長型の巨大都市化ではなく、むしろ石川栄耀や南原繁が考えていた文化国家や生活圏、分散型の国土イメージに通じていた。

大平はその後、首相在任中に急逝してしまうから、彼が成し遂げようとしていた政治は実現しない。大平は、道半ばにして倒れたのだ。大平政権は発足後、「田園都市構想」「対外経済政策」「環太平洋連帯」「家庭基盤充実」「総合安全保障」「文化の時代」「文化の時代の経済運営」「科学技術の史的展開」等の政策研究グループを組織しており、これらが首相急逝後、相次いで報告書を提出する。このうちたとえば、山本七平を座長とし、浅利慶太、小松左京などが加わった「文化の時代」グループは、「学校教育に偏重した文化政策」「実利主義的方向に歪められた教育」「国際的な文化交流の努力不足」を批判し、これらの現状を改善する糸口として、文化振興法の制定や文化関係予算を予算総額の〇・五％程度まで引き上げること、公務員に人文科学専攻者の採用を増やすことなどの提言を盛り込んだ報告書を提出した。全体として、これらの陣容を見れば、高坂正堯をはじめ一九七〇年代の保守派知識人が大平政権のブレーンとして積極的に参画していたことがわかる。そしてこれが、八〇年代半ば以降の中曽根康弘政権のブレーンへと継続されていくことになる。

大平政権は、「保守」か「革新」かという政治的立場では当然保守であったが、「経済優先」か「文化重視」かという軸でみれば「文化重視」に舵を切っていた。そして八〇年代、この「経済」から「文化」への転換は、「革新」側の社会党でも模索されていく。石橋政嗣（いしばしまさし）委員長の下で西欧型社会民主主義政党への脱皮を目指した社会党では、一九八四年、党大会の「新宣言」に「かおり高い文化立国」を目指すことや、「男女が共に担う社会」を目指すことが盛り込まれた。後者は後の男女共同参画社会への流れにつながるが、前者の「文化立国」は、大平政権の「文化重視」とも重なり、左右両陣営で「文化」が政治のテーマとして語られるようになったことは、敗戦直後の「文化国家」論の再来を思わせた。

だが、大平演説から四〇年余、一九八〇年代以降に日本がたどったのは、大平が目指したのとは正反対の軌跡だった。一九七九年はいわば戦後日本が最も問い返された瞬間で、八〇年代末以降、その展望はどんどん失われ、日本は国家としても、社会としても、さらには経済力でも坂道を転げ落ちていく。そして二度目の東京五輪が開催されるはずであった二〇二〇年はその果てにあり、コロナ危機でこの国の現状が誰の目にもあからさまにされていった。だからこそ、あり得たかもしれない別の道を見直す意味でも、大平演説にまで戻って文化と経済の、また東京と地方の関係を問い返すことが必要なのだ。

当時、いくつかの論評は、たしかに大平演説の問いを真摯（しんし）に受けとめていた。たとえば

『読売新聞』社説は、「文化の時代」論を、敗戦後に掲げられた「文化国家の建設」論の再提起として捉えた。一九五〇年代以降、「このナショナル・ゴールを目指して、折にふれて、文化財を大切にしよう、地方文化を育てよう、伝統文化の灯を消すな、文化交流を盛んにしよう――といった呼びかけが続けられてきたが、現実には先進工業国家への要請が先行した。/その柱は、急速な技術革新であった」。つまり戦後日本では、一貫して「急速な技術革新」が国是であり、「緩やかな文化的成熟」は後回しにされてきた。

大平演説は、この戦後日本を貫いてきた技術革新一辺倒の思考法に転換を促していた。なぜならば、そのような技術革新主導の経済成長により、「失った文化、顧みられない文化があった」のであり、日本人のような「働くことばかり考える国民とは、とてもまともな付き合いはできない」という海外からの見方も浮上していた。日本人は、経済成長主義により伝統文化や地方の慣習を失っただけでなく、もっと大きな「文化的欠落」を生じさせてしまったのだ。つまり、「もっと幅広い文化、たとえば日本人の行動様式や、その審美的価値観の中に、おそらくわれわれが高度成長マラソンに汗をかいている間に、落としたか、忘れてしまったものがある」(『読売新聞』一九八〇年一一月三日)。

転換点としての一九七〇年代

一九七九年の大平演説は、決して突然、宰相の思いつきで出たものではない。すでに七〇年代を通じ、「経済成長」から「文化的成熟」へのパラダイム転換が様々に模索されていた。たとえば、前述の大平政権下の「文化の時代」グループの提言にしても、その下敷きは、一九七六年、文化庁長官の諮問機関として設置された曾野綾子、浅利慶太、堤清二らからなる文化行政長期総合計画懇談会の「中間まとめ」で提言されていたものだった。

この中間まとめは、近代日本の文化政策が教育に偏りすぎてきたことや、中央志向に傾斜しすぎてきたことを批判し、そうした教育中心、東京中心の政策を抜本的に改めることを求めていた。そのため、日本列島をいくつかのブロックに分け、その中心都市を文化拠点とする広域文化圏を形成することや、新たに文化振興法を制定すること、中央と地方のそれぞれで有識者による文化政策に関する会議を設置することなどが盛り込まれていた（『読売新聞』一九七六年一一月三日）。これらの大胆な提案は、最終的に文化庁がまとめた報告書ではすっかり薄められて当り障りのないものにされているが、この一部はむしろ大平政権の「文化の時代」グループの提言に引き継がれていったと見ることができる。

こうした直接的なつながりは不明だが、一九七〇年代半ばには、「経済大国」から「文化国家」への転換を求める言説が様々なメディアでも浮上していた。たとえば『読売新聞』社説は、「戦後のわれわれは、「文化国家」を口にしながらも、実は「経済大国」の道を歩み、たしかに物質的な繁栄を築き、また政治的にも民主化の形で、一応の進歩をとげてきた。しかし、文化の面では、一見、盛況のようで、質的には貧しく、営利に追われて、創造性の芽をしぼませているのではないだろうか」との問題提起をしていた。

文化的創造性の萎縮をもたらしてきた大きな要因に、日本社会の同調性がある。社説は、そうした同調性が社会を覆ったのは、「近代化の過程で、画一的な組織人間をつくることに急だった教育のせいもある。その上、現在の受験、就職戦争が拍車をかけているのだろう。心にゆとりと創造性を持った人間は、国や企業の将来のためにも必要なはずだが、現実には、効率主義や有用性が先に立つ」と批判していた（『読売新聞』一九七六年一一月三日）。

市民からも、一九七〇年代には経済成長主義への疑問が噴出しており、神奈川県在住の三六歳の主婦は、一九七三年の時点で、「わが国は敗戦の痛手にもめげず、短期間のうちに目ざましい復興をとげ、いまやGNP世界第二位の大国とはなった。だがその一方で、人間性に根ざす人間の尊重や幸福を目的とする姿勢に欠け、今日の殺ばつとした世相を作り出した。その結果、身近に文化だと信じてきたものの価値の崩壊が目立つようになり、今われわれを戸惑わせている」との投書を寄せていた（『読売新聞』一九七三年一一月三日）。

さらに翌七四年には、「敗戦による物心両面にわたる空白を埋めるために登場した文化国家という掛け声は、荒廃した日本人の心にこの上もなくさわやかに響いた。文化とは、人間の心の所産ではないか。文化国家を宣言しながら、大切なことを忘れて日本文化は日に日にゆがんでいく」という日本の現状への批判が三二歳の教員からなされていた（『読売新聞』一九七四年一一月二日）。経済成長は、必ずしも文化的充実をもたらさないのである。

以上のような「経済成長」から「文化的成熟」へのパラダイム転換は、政権が大平から中曾根へ、そして竹下登へと引き継がれていくなかであからさまに否定されたのではない。だが、一九七〇年代の文化的成熟論と八〇年代の類似の言葉の使用の間には、「経済」との距離の取り方に見過ごせない違いが生じつつあった。

たとえば、中曾根政権下の一九八五年、『日本経済新聞』は戦後日本の軌跡を論じるなかで、「戦後の四十年間で、私たちの生活は最低所得グループの発展途上国のような状態から、最高所得グループの先進国の状態にまで飛躍した」と誇らしげに語りつつ、その「飛躍」の限界に目を向けるべきときが来ていると論じていた。すでに「豊かさ」が実現した今日、私たちは「次第に物質的豊かさよりも精神的な豊かさやゆとりを求め」ている。そして、「人々が文化に熱中すると、経済成長率は低くなり、所得は伸びなくなる。（しかし、）人々が花鳥風月を愛で、詩歌を楽しんで満足するというのは、ある意味では実にすばらしいことかもしれない。そういう国が高い競争力をもてるのは文化的産業やファッション産業になる」。こうした変化に応じ、都市環境も「しっとりとしてうるおいのある佇(たたずまい)になる」。低成長経済では、「多くの人たちがますます強く精神的な豊かさやゆとりを求める結果、日本は優れた文化国家になる」と予測されていた（『日本経済新聞』一九八五年一月一〇日）。

一九七〇年代の経済から文化への転換を主張する議論には、経済成長主義への様々な反省や批判が込められていた。しかし、八〇年代の文化国家言説では、そのような反省や批判は後退し、経済において十分な豊かさを達成した日本人が、さらにその先で文化的な豊かさをも実現していくという予定調和の主張になっていた。日本人は自信満々で、経済において前人未到の達成を成し遂げたので、文化でもそうなると語られていたのだ。

中曾根政権と「たくましい文化」への反転

大平首相の急逝で、政権が掲げた文化重視の政策展開は、いくつものグループから報告書が出されたものの宙ぶらりんになり、統合的な社会変革への動きとなっていかない。たしかに大平後の本格的な政権となる中曾根政権は、大平を支えた保守派ブレーンをいくつかの政策とともに引き継いだ。そして中曾根は、初期には大平に倣ってか、その所信表明演説や施政方針演説に「たくましい文化」というキーワードを盛り込んでいた。しかし、「文化」が「たくましい」とはどういうことか――。中曾根の演説のなかでこの言葉は、大平演説が標榜していたような理念的ビジョンではなく、むしろ政治的ポーズにすぎなかった。

実際、この中曾根演説を、『日本経済新聞』社説は、「あいまいで誤解生みやすい」と批判していた。問題は、文化が「たくましい」とは何を意味するのか、「演説文を読んでもよくわからない」点にあった。ある人物が「たくましい」とか、経済が「たくましく」成長するとかならば誰でもわかる。しかし、文化が「たくましい」とはどういうことか。文化は多様だったり、しなやかだったり、味わいがあったりするだろう。しかし、「たくましい」という形容詞は、「文化」の概念とそりが良くない。「言葉を明確に定義しないで、キャッチフレーズ的に使うのが、これまでも政治家中曾根氏の特性だった。しかし、首相になって一国の責任を担う立場で、言葉の定義をあいまいにしたまま演説するならば、それは思わぬ誤解を生むもとになる」と社説は論じた（『日本経済新聞』一九八二年一二月四日）。

しかし、穿（うが）った見方をするならば、中曾根が「たくましい文化」を彼の政治スローガンとしたとき、彼なりの思惑もあったように見える。中曾根自身は、所信表明演説のなかで、「たくましい文化」の説明として、「人間の自由と創造力、生きがいという心の内なるものを尊重する考え方」だと述べているが、それならば通常、「生き生きとした」という形容詞のほうがぴったりくる。そこに中曾根はあえて「たくましい」という言辞を使ったのだが、その背後には彼の政治意図が見え隠れしていた。なぜならば、「たくましい文化」は意味不明だが、「たくましい国家」ならば、その意味は明白だからだ。拡張的な軍事帝国としてアジア諸国を侵略していった戦前期の日本は、たしかに「たくましい国家」であったかもしれない。改憲を狙うナショナリスト中曽根康弘は、心の中で「たくましい国家」としての日本を目指していた。しかし当然、アジア諸国との関係を考えれば、そんな言葉は首相として口には出せない。そうした国家的な「たくましさ」への願望が彼にはあり、「文化」ならば曖昧な領域だから「たくましい」という形容詞を付しても外交問題にはならないだろうという見通しから、「たくましい文化」という奇妙な言辞が生まれたのではないか。

そうだとするなら、ここでは大平が標榜した「経済」から「文化」への転換が、「政治」への転換にすり替えられている。結局のところ、日本では「文化」は政治家の票にはならず、「経済」と「政治」の結びつきしか有効には機能しないのだ。そして、その後の中曽根政権は、さすがに意味不明な「たくましい文化」を掲げ続けることは難しかったのか、途中から教育改革に焦点を絞り、臨時教育審議会が組織されていくことになる。

同時に、「たくましい」という言葉はやがて「強靭な」という言葉に取って代わられ、これが「国土強靭化」を含め、第二次安倍政権までの新自由主義的な自民党政権の政策的基軸の一つをなしていくのだ。すでに一九八四年初頭、中曽根は自民党大会で、「行政改革、財政改革、教育改革を推進し、二十一世紀に向けて日本の強靭な体力を作っていきたい」と述べていた（『日本経済新聞』一九八四年一月二六日夕刊）。つまりこの演説においても、「たくましい＝強靭な」日本というイメージは保持されており、消えたのは「文化」のほうだ。中曾根からするならば、教育は、多様で味わい深い文化を創造する方向ではなく、「たくましい」日本人を創る方向に「改革」されていかなければならなかった。

もう一つ、中曾根政権期に動き始めるのは、「文化」の産業化への動きである。一九八四年一〇月、首相の私的諮問機関だった「経済政策に関する研究会」は、「「心の豊かさ」を求める国民の意識変化に対応し、民間活力を活用した多様な文化産業の振興」を中間答申の柱の一つとして掲げた（『読売新聞』一九八四年九月一四日）。八〇年代後半、産業国家としての日本に文化国家としての日本が対峙するのではなく、その産業国家自体を「産業文化国家」に進化させる方向も模索されていた。たとえば通産省の「日本の選択研究会」は八八年、「ニューグローバリズムへの貢献と新・産業文化国家の選択」と題する報告書をまとめている。だが、この時点で力点が置かれていたのは、国際協調と内需拡大のための「文化」であって、九〇年代以降に浮上する日本文化の産業化ではない。文化などに頼らなくても、まだ日本は工業力で世界をリードすると政府は自信満々だったし、「文化」はあくまで国内需要を喚起する手法で、強すぎる日本を緩和するのに有用とされていたのだ。

企業が「文化国家」と「文化人」を先導する

大平首相の一九七九年の施政方針演説が提起したのは、当時としては先駆的な日本の方向転換だったのだが、そのような転換を八〇年代の日本の政治が受け入れたわけではなかった。他方、同じ七〇年代末、首相の「文化の時代」演説に呼応するかのように、経済界でも文化への志向が急浮上していた。代表的なのはサントリーで、大平演説から一か月後の七九年二月、創業八〇周年を記念して大阪にサントリー文化財団を設立した。設立したのは創業家の佐治敬三（さじけいぞう）だが、これに高坂正堯、山崎正和（やまざきまさかず）、開高健（かいこうけん）らが協力したとされる。

　同財団の今日までに至る活動はよく知られているが、設立趣意にある、日本は「経済的にはすでに世界の大国でありながら、文化的には、自己の特性を普遍的な言葉で表現し、国際社会で独自の地位を認められる段階にはまだ到達していない」との言い回しや、今日、「社会の各分野に亘（わた）って新しい価値観が求められ、新しい生活の様式、新しい生産の目標が、人間性についての根本的な反省から確立されることが待たれている。いいかえれば、今やわが国においては政治、経済を含むすべての社会運営について、広義の文化への理解と洞察を基礎として、その再検討を行なうことが求められている」との言い回しには、一か月前の大平演説と奇妙なほど似たトーンが感じられる。おそらくこれは、影響関係というよりも、大平演説も、サントリー財団の設立趣旨も、背後でその原案を書いていたのが、同じ高坂正堯らを中心とするチームだったことによるのではないかと推察される。

当時、大平演説を受けて「文化の時代」を語り始めたのは、サントリー一社に限らない。報道によれば、同じ頃、京都で開かれた関西財界セミナーでは、「日本文化を見直し、文化重視の視点をもとう。文化は、結局、モノの付加価値を高め、経済発展に影響を与える」「今後の国際化時代には積極的に日本文化を輸出し、文化協力を進めないと、世界の孤児になる」「国際理解を促進するには、国際人の養成から始めねばならない。受験英語でなく、話せる英語へ、語学教育を抜本的に改めよ」などの発言が財界人から相次いだという（『朝日新聞』一九七九年二月一五日夕刊）。これらの発言に共通しているのは、国際化時代とそのなかでの日本文化の輸出、そして経済大国の自信である。逆に言えば、大平演説やサントリー財団の設立趣旨の根底をなした「経済中心主義からの転換」の意識が弱い。

それでも、一九七〇年代から八〇年代にかけての日本で「文化の時代」を先導していったのは、国家ではなく企業であった。いくつもの企業が、大衆が文化を猛烈なパワーで先導していくかに見えた高度成長期が終わると、その大衆に代わって文化の牽引役を引き受け始めた。『朝日新聞』は当時、今や「コンサート、美術館、劇場、文化賞、シンポジウムの主催、出版活動、国際交流など、手をつけない分野がないほどの活発さ」だと評していた。同紙によれば、このように「文化の時代」を企業が先導する理由は二つあり、一つは、「六〇年代後半以降、高度成長のツケとしての公害、物価上昇、土地の高騰などで企業が世論のきびしい批判にさらされ、企業の社会的責任を求める声が高まってきたこと」だった。もう一つは、「低成長時代に入り、「こころ」や「文化」を大事にしようというかけ声が社会全般に高まってきたこと」だった（『朝日新聞』一九八二年九月一三日夕刊）。いわば前者は「償いとしての文化」、後者は「装いとしての文化」とも言えた。

しかしもう一つ、一九八〇年代の産業界が「文化」に熱心になっていたのには理由があった。八〇年代末以降、企業の文化化は企業メセナの興隆にはっきり示されていくが、これについて『日本経済新聞』は、「文化小国のエコノミック・アニマルから文化という付加価値を重んじる企業へ。それは経済摩擦という黒船を前にした〝文化〟開化なのだろうか」と語っていた。すなわち、その背景には、「金を稼ぐばっかりで国際社会の良きメンバーになりきれぬ日本に対して高まる批判に対応」していかなければならないという切迫した必要があったのである（『日本経済新聞』一九九〇年五月二一日）。つまり当時、日本企業にとって「文化」は、「償い」や「装い」であると同時に「防御」でもあった。

さらに、このような企業の文化化は、小さな政府、すなわち新自由主義的民活路線をはっきり志向するようになった政府にとっても好都合だった。たとえば一九八六年七月、文化庁の「民間芸術活動の振興に関する検討会議」は、「行政改革推進で国の援助が期待できないため、企業などからの援助を導入する」、つまり芸術文化支援の民活路線を打ち出していた。同検討会議は、国の支援が脆弱な「文化国家ニッポン」の内実を批判し、今後とも国にはあまり期待できないから、「芸術に対する新たな後援を開発」すべきとしていた。国の検討会議が国に絶望し、企業からの支援の整備を提案していくこと自体、戦後日本における「文化国家」の挫折を如実に示すものであった。そして八〇年代、日本企業はまだ豊かで、企業は国に取って代われると多くの文化芸術関係者は信じていたのである。

注目されるのは、こうして一九七〇年代以降に興隆する企業主導の文化活動が、その周囲に様々な「文化人」のネットワークを発生させていたことである。南後由和は、「文化人」という言葉の誕生と変遷を、新聞、総合雑誌、週刊誌、テレビといったメディア環境の変化と結びつけて丁寧に跡づけている。それによれば、この言葉が新聞紙面に頻繁に登場するようになるのは一九二〇年代半ばで、同時代のモダニズム文化流行の風潮のなかでのことだった。これが三〇年代後半には様相が一変し、国家主導の戦時動員文化の担い手として「文化人」が再定義されていく。さらに戦後、総合雑誌興隆のなかで戦後民主主義の唱道者となった「進歩的文化人」の一群が脚光を浴びていくのである。南後が指摘するように、こうした概念の変化はメディア環境の変化や文化社会学が示すブルデュー的な意味での「界」の編制と連動しているが、もっと端的にはそれぞれの時代の「文化」の支配的な解釈に文脈づけられてきた（南後由和、加島卓編『文化人とは何か？』東京書籍、二〇一〇年）。

南後はまた、『広辞苑』で一九五五年の第一版、六九年の第二版には「文化人」の言葉は登場しておらず、八三年の第三版に初めて採用されていることに触れている。「文化人」という言葉はすでに一九二〇年代から新聞や雑誌に登場していたが、八〇年代に至るまで、辞典に載るほどには日常的な言葉ではなかった。しかし八〇年代以降、「文化人」の語は、数においても、広がりにおいても、頻出度においても一気に増殖したのである。

そして、この一九八〇年代以降の「文化人」の浮上を促していたのは、もはや国家でも出版社や新聞社でもなく、サントリーや西武セゾン、さらに様々なメセナ企業だった。この意味で、八〇年代以降の日本の「文化人」はかつてのそれと質的に異なっていた。大正時代であれば、「文化人」とは「教養人」のことであり、戦後であれば、「言論人」や「知識人」と重なっていたが、八〇年代日本の「文化人」は、同時代の企業文化との結びつきにおいて「文化人」なのであり、その前の時代とも、またネット文化が隆起してくる後の時代とも質的に異なる一群の人々を指していた。

概括するなら、一九二〇年代の「文化」は都市モダニズムの文化であり、五〇年代の「文化」は「文化国家」の文化で、これは戦中期の文化統制の時代を引き継いでいた。これに対して八〇年代の「文化」は企業主導の文化である。しかしもちろん、それぞれの時代の「文化」や「文化人」を織り成していく「都市」「国家」「企業」という三つの次元は絡まり合っているから、一九八〇年代の「文化の時代」においても、多くの人々によって「文化国家」が標榜され続け、その未成熟が何度も問題にされ続けた。

他方、この企業と文化の結びつきも一様ではなく、企業家の間にも異なる文化理解が存在した。一方には、経済成長主義の限界を理解し、価値軸を「経済成長」から「文化的成熟」に転換しなければならないと考えていた一群の人々がいた。他方、経済成長や日本の海外進出のために「文化は有用」と考えていた企業家もいた。そしていずれの場合も、八〇年代に企業がその文化戦略を展開していく舞台はメディアであり、都市であった。それらを貫いていた基本モデルは、「文化=広告」的なものであったと要約できる。

2 カルチャーを演出する——文化都市のパフォーマンス

堤清二とカルチャーの時代

一九七〇年代から八〇年代にかけて経済界にも広がった「文化の時代」のなかで、日本の経済人として「文化とは何か」を最も深く考え、また企業の文化化をラディカルなまでに推進したのは西武セゾングループの総帥だった堤清二であろう。堤は一貫して「文化」を「経済」にほとんど優先させるという意志を保持し続けた。この「ほとんど」というところが重要で、セゾンの経営において、彼は「文化」が企業の営利活動に優先されるべきだと公言したのではないし、実際に優先していたのでもないが、しかしセゾンは、ほとんど「文化」を「経済」に優先するかのように振る舞うことで、企業としての社会的イメージを築き、挑戦的な人材を集め、一九七〇年代末から八〇年代までの「文化の時代」をリードした。

この点で、かつてセゾンの一員でもあった永江朗が元経営陣にした聞き取りは貴重な反応を引き出している。たとえば一九七〇、八〇年代、セゾンの文化事業部を仕切った紀国憲一は、セゾン文化と六〇年代の文化革命の関係に触れつつも、「〈事業〉はビジネスの問題で、〈文化〉というのは事業とは離れたところにある。〈文化事業〉なんていっしょにした途端、それは〈文化〉じゃなくなる。じゃあ〈文化〉と言ったら、こんどはそんなものはビジネスにならない」と永江にくぎを刺す。しかし、だからこそ堤の軸足は「事業」以上に「文化」にあったのではないかと問う永江に、紀国は言下に反論し、セゾンがやったのは「あくまでイメージアップがひとつの柱で、それは架空の絵空事ではなく、実体が伴ったものでなければならなかった。……文化は中身です。しかも中身を僕たちが作るわけじゃない。つくられたものを集める。僕らが担うのはその拠点づくりです。それが企業の行う文化活動だった」

と述べている（永江朗『セゾン文化は何を夢みた』朝日新聞出版、二〇一〇年）。

そして堤自身も、永江の問いには、「ビジネスマンとしては文化事業部なんていうのをつくってやっていても、私のなかのアーティストとしてのネーティブワークは別に取っておきたい」（同書）と、「文化＝事業」と「芸術＝文化」を分離させる自身の戦略が自覚的であったことを強調している。しかしその発言の直後、そのように「文化」を企業の戦略として位置づけることが、社員たちを納得させるための「戦略」だったのだとも語っているから、話はややこしい。「文化」が社員を巻き込んでいく戦略だったのなら、それは「事業」以上のもの、一種の文化運動だったのではないか。そのような答えを引き出したい永江に、堤は決して言質を与えていない。経営者として、「文化」のために「事業」があるのだと言い切ることを、堤は最後まで決してしなかった。

だが、この堤の抑制は、彼が文化を周縁的なものとしていたことをまるで意味しない。事実は逆で、彼自身はあまりに深く文化に入れ込んでいた。だから、上野千鶴子（うえのちづこ）との対談でも、西武の文化事業が宣伝広告費の一〇%前後に設定していたことについて、「当時の日本社会は経済大国への道を突き進んでいましたが、経済発展ばかりで教育や文化に対して目を配ろうとする行政的な流れがなかった。こうした時代状況から文化的荒廃を危惧（きぐ）していましたから、西武は〝時代精神の運動の根拠地（こんきょち）〟としての美術館を目指したというわけです。それに百貨店の利益を文化活動に回したわけではありませんし、私が経営者として手に入れた創業者利潤をファンドかなんかに預けて回せば何倍かにもなって私自身の蓄財は潤ったでしょうが、私はそれを全部捨てて文化事業に投資しました」と述べていた（辻井喬、上野千鶴子『ポスト消費社会のゆくえ』文春新書、二〇〇八年）。

つまり、個人として深く入れ込んでいた文化を、堤は百貨店事業から意識的に分けていた。しかし、その文化への傾倒が、一九七〇年代から八〇年代にかけての「西武＝セゾン」の事業を黄金時代に向かわせていた。この屈折は、当時、興隆する購買層が、総じて文化に意識を向けていたこと、そのなかで堤は時代を先導する経営者となったことを示している。

しかも、この「西武＝セゾン」による「文化」の演出の中核をなしたのは、決してベートーベンや印象派といった中間大衆好みの「西洋」文化ではなかったし、伝統的な「日本」文化でもなかった。さらにそれは、九〇年代以降に秋葉原を「聖地」としながらネットに繁茂していくサブカルチャーとも異なっていた。セゾンがその文化戦略の枢軸に据えていたのは、あくまで二〇世紀、とりわけ第一次大戦前後からグローバルに広がっていったアヴァンギャルドの同時代文化であった。このコンテンポラリーな文化に関心を集中させるスタイルでは、堤の「セゾン」は、後の時代でいえば福武總一郎の「ベネッセ」に最も近く、堤も福武もナショナリズムに対する違和感、ポスト・ナショナルなものへの嗜好を共有している。その限りにおいて、堤のセゾン現代美術館は、福武による直島（なおしま）のベネッセ・アートサイトに通じている。しかし、共通点はここまでで、福武が「東京的」なものへの反撥を繰り返し表明するのに対し、堤＝セゾン文化は徹底して「東京的」であったし、福武が「経済」は「文化」の僕（しもべ）であると公言してきたのに対し、堤はそのような発言をしないまま、実態としてあたかも「文化」が「経済」にほとんど優越する状況を作り出していった。

つまり、堤清二は決して革命家ではなかったが、文化革命をスポンサードしたようなところがあった。そしてその堤が率いたセゾンの渦（うず）には実に多くの才能が集まった。糸井重里（いといしげさと）や石岡瑛子（いしおかえいこ）だけではない。当時は無名だった多くの作家、クリエーター、研究者が、セゾンを培養器として、現在では最前線の仕事をしている。これらの才能の多彩さたるや驚くべき広がりで、「なんでセゾンは瓦解（がかい）したの」という問いに、堤自身は「あれだけ文化人が出たらつぶれるよね」と明るく語る。その包容力が、セゾンの強みでも弱みでもあった。

おそらく、こうした人材面でのセゾンの創造性は、自らの企業体を〈閉じられた集団〉としてではなく、〈開かれた場〉として考えていたことに起因していた。堤自身からすれば、セゾンにとっての反面教師は、彼の父から異母弟へ引き継がれたコクド・西武鉄道だった。その社風はまるで軍隊で、「幹部が現場に来るときは、二十人が最敬礼で迎えないとぶん殴（なぐ）られた」という。その軍国的体質と、セゾンのポストモダンなカルチャーは、「経営思想が水と油くらい違」っていた。だいたいフランス語の「四季」を音読みしたセゾンと、「国土」を片仮名にしたコクドでは、名前から根本の発想が違う。セゾンの売り場では服装は何でもオーケーで、若い社員が高齢の客に俄勉強の現代美術の知識を平気で解説していたのだから、水と油どころかアンシャンレジームと革命期の違いである。コクドのような日本的集団原理を堤清二は本能的に嫌悪していた。だから経営者としての堤の行動は、ほとんど本能的にコクド的なものと正反対の方向に強い意志をもって振れていったのだ。

大学都市から広告都市へ

この閉じられた組織やタテ型原理への嫌悪は、セゾンの文化戦略、とりわけ都市空間の劇場化を仕掛ける諸戦略とも結びついていた。前述の永江は、一九七〇、八〇年代には、「演じる」という意識が、「(アート部門の) ニューアート西武だけでなく、あのころの西武流通グループ全体に共有されていた」と述べる(永江朗『セゾン文化は何を夢みた』)。そして七〇年代の渋谷・パルコの空間戦略は、こうした西武のパフォーマティブな場への志向を自覚的に実践した典型例となる。そこでは並べられる商品が一定のテイスト=記号的なコードによってまとめられただけでなく、訪れた人々が自らそのコードに沿って役柄を演じる舞台として街全体が演出されていたのである。当時、パルコを率いる増田通二は、「服を買えばそれを着て歩き人に見せる〝舞台〟がほしくなる。たとえ私どもの劇場で芝居を見なくとも、劇場のあるしゃれた街を歩き人から眺められ、ちょっぴり幸せな気分を味わう、それでいいわけだ。その意味で街自体が巨大な〝劇場〟といえる」と語っていた（『朝日新聞』一九八二年九月一六日夕刊）。

このようなわけで、かつて拙著『都市のドラマトゥルギー』で分析したように、各テナントビルでは、売り場全体を俯瞰（ふかん）できるような空間構造ではなく、様々なテーマに従った箱型空間が重層的にルートでつながれていった。また、界隈（かいわい）の通りには、「なんでもない街が、名前をつけることで意味ありげになり、〝劇場〟に組み込まれていくのだ。だからまず通りに名前をつけろ」との方針から、「公園通り」だけでなく、「アクターズ・ストリート」「オルガン坂」「サンドイッチ・ロード」等の名前がつけられていき、これは後の同じ渋谷の「キャットストリート」や「オーチャードロード」等にもつながっていった。

さらに、この都市空間のステージ化の戦略を貫徹させるべく、街路にはストリートファニチュアを「少しずつ、しかし常に何かしら変化しているという状況を来街者に見せる」ように設置していった。書割的な舞台装置を絶えず変化させることにより、次々に新しいシナリオやドラマをステージに乗せていくことが可能になると考えられたのだ。このようにして、個々の商業空間が「見る場／見せる場」という状況を作り出していったのである。

これらの戦略がもたらしたのは、街のメディア化であった。ここでいうメディア化とは、地域が育んできた記憶や習慣の積層から街を切り離し、これを記号的なテクストとして構成し直していくことを意味する。しかも、このメディアは映画館のような群衆のメディアでも、テレビのような家庭的消費のメディアでもなかった。むしろ渋谷で西武セゾンとパルコが目指したのは、女性誌のような記号消費型のメディアに相似的な構造を、三次元の都市に持たせていくことだった。同じ頃、女性誌ではプロのモデルではなく、街角の「あなた」が主人公となってきていた。七〇年代以降、雑誌メディアと都市空間は、ともにセグメント化された読者＝来街者が「私」を「見る」と同時に「見られる」視線の装置としてデザインされ直していく。二〇〇〇年代にネット文化が受け手の送り手化を推し進めるずっと前に、「私」はすでに「俳優」になり始めていたのだ。そしてこの時代の「文化」とは、こうして都市の装置のなかで眺められ、来街者によって演じられる記号的な戯れであった。

より大きな時代の流れのなかでは、こうしたパルコの空間戦略は、難波功士（なんばこうじ）が指摘した「メガ広告フレイム」の増殖、すなわち広告の環境化の先駆であった。難波によれば、八〇年代前半に広告の世界で目立ったのは、それまでの「広告然とした広告」に対して距離をとる「メタ広告フレイム」の突出である。ほとんど商品には言及せず、強烈にメッセージを投げかけるものや既存の広告的価値を異化してみせるものなど、「広告らしくない広告」が広告ブームの主流を形作っていった。その一方、八〇年代後半に目立ってくるのは、近隣空間や企業イメージなど、それまで広告に含められていなかった環境世界の広告化である。難波によれば、この広告のメタ化とメガ化は、八〇年代を通じて「相即的に進行し、いわば「鶏と卵」の関係にあった」(難波功士『「広告」への社会学』世界思想社、二〇〇〇年)。

以上の考察を引き継ぎつつ北田暁大(きただあきひろ)は、一九八〇年代の東京がいかなる意味で「広告都市」になったのかを鮮やかに理論化してみせた。北田によれば、七〇年代以前の都市と広告の関係を支配していたのは、「秩序/無秩序」のコードであった。大雑把(おおざっぱ)に言えば、「清潔で整然とした生活環境を求める住人たちは、広告が都市の景観におとなしく収まっていること、つまり秩序のなかにあることを求める。一方、ネオンサインの破壊的なエロティシズムに魅かれるような人びとは、日常的な空間秩序をかき乱す広告のアナーキーに希望を託す」(北田暁大『広告都市・東京』廣済堂出版、二〇〇二年)。このような二項的図式を基礎に、都市の諸空間が記号論的に配置されていたのである。だからたとえば、大学キャンパスや文教地区は「秩序」の空間でなければならなかったし、盛り場やそこに蝟集する芝居小屋やライブハウス、それに風俗産業は、「無秩序」の空間であることが期待されていた。ところが一九七〇年代から八〇年代にかけて、西武セゾンをはじめとする文化産業は、この二項的な「解釈図式を、「文化」という第三項を導入することにより解体」したのである。

明らかに、ここで北田が第三項として捉えている「文化」は、一九四〇年代から五〇年代にかけて石川栄耀や南原繁が構想した文化首都の「文化」とは異なる位相のものである。五〇年代まで多くの知識人や計画家によって希求されていた「文化」は、いわば文化本質主義的な文化であり、多くの点で西欧近代都市が実現してきた文化的価値に重なる。ところが、ここで捉えられた第三項としての「文化」は記号的なコードであり、「秩序／無秩序」「体制／反体制」といった二項対立的図式を無意味にしていく審級なのだ。そうした「文化」の記号作用は、中心／周縁、内／外、支配／被支配といった言説を相対化し、八〇年代を通じて外部なき全体へと広がっていった。この際限なき記号作用こそが、「広告」の論理なのだと北田は言う。だから彼の言い方を借りるなら、「自分の身体をとりまくすべてのモノとコトとが広告であり、広告と無関係な空間を見いだすことが困難であるような広告＝都市。資本の論理を徹底させた帰結としての広告の幽霊化（どこにもないがゆえに、どこにでもありうる）は、〈八〇年代〉日本において尖鋭的に現象した」のである。

この北田の考察を具体的な東京のトポロジーの問題として捉え返すなら、都市における「文化」という問いが、かつて石川栄耀が先導し、上野・本郷・小石川、あるいは神田、早稲田、大岡山などで提案されていた大学を中心とする文教地区的なものからも、また失敗に終わったとはいえ新宿・歌舞伎町で実験された娯楽地区的なものからも、決定的に乖離したことがわかる。端的に言うなら、大学も盛り場も「文化」を失ったのである。

もちろん本書で、一九六八年から六九年にかけて、つまり大学紛争の時代、大学と周辺の都市空間の関係がどのように変化していったのかを論じる余裕はないが、遅くとも一九七〇年代半ば以降、都市の「文化」の問題は、「大学」的な問いではなく、北田が論じた意味で「広告」的な問いとなった。そしてこの「広告」的な都市の文化空間は、遠からず渋谷の公園通りだけでなく、原宿から青山、六本木といった青山通り沿いの諸空間、いくつかの東京湾岸地区などに広がっていく。このプロセスに、大学はまったく関与していないし、行政的な意味での都市計画も後追い的な役割しか果たしていない。今や「文化」はそのような公的な機関のものではなく、ファッションやアート、広告、メディア等々によって先導されるものであり、中心を持たず、多数の発信点や人々によって演じられ、その集合が情報的に媒介されて増殖していくものと多くの人が考えるようになっていった。

終焉する文化の時代——TOKYOはエキゾチックだ！

ところが、ここで時代が反転する。一九九〇年代末以降、八〇年代の広告都市は、グローバルな金融経済の凄まじいスピードのなかで粉砕されていく。たとえば渋谷の風景は急速に陳腐化し、八〇年代的な意味の「文化の劇場」としての街という特徴は失われていった。この変化は、東京の際限なき拡張というよりも、東京のとりとめない流動化によってもたらされたものである。九〇年代、すでに資本＝情報のスピードは、都市の物理的な変化のスピードを追い越し、バブル期以降の再開発の爆流がこの動きとシンクロしながら「文化の時代」を押し流していった。「文化」はいまや、そうした都市の流動化のなかで社会地理的文脈から遊離してフローとなる。それは無数の「東京らしさ」の断片、「アキバ」や「シブヤ」の断片として、東京の地理的限界をはるかに越えて流れ出す。

こうして急激に進んだ流動化のなかで、セゾンの都市戦略の前線は、「パルコ」から「無印良品」に移っていった。「文化」からむしろ「生活」への回帰である。八〇年代半ばまで、パルコが基本としていたのは、それぞれの開発地域の社会地理的なコンテクストに対し、異化的な距離を持ち込んで都市空間を非日常化することであり、いわば慣れきった日常の風景では自足しない「思想教育」を施し、日常を文化化していくことだった。しかし、やがてそのような異化作用や「思想教育」の基盤になる戦後的日常の安定性が崩壊する。そうしたなかで登場した無印良品は、かつてのパルコの非日常志向や「思想教育」とは対極に位置した。それはまったくどこにでもあるもので、ごく日常的で、説教臭さなどどこにもなく、「私」が美的に満足できる仕方で暮らせる材料を提供することに徹底している。

このような都市が成り立つ位相の地殻変動を、北田は都市経験のメディア論的変容として把握していた。それによれば、一九九〇年代以降の東京に生じたのは、「都市を〈幽霊的〉な広告によってラッピング＝舞台化し、シブヤらしいアイデンティティの先端性・文化性を鼓舞しながら、遊歩者を消費空間へと誘い込む広告＝都市の論理」が、「都市に舞台性を求めず、渋谷を「（たんなる）ひとつの大きな街」として相対的に捉える、〈ポスト八〇年代〉の遊歩者たちの視線」によって失効していく過程だった。もはや都市は、「読まれるべきテクスト」でも、自己が「演じられるべき舞台」でもない。むしろ都市は「見流す」対象でしかなく、都市を歩くことは、ネット上のサーフィンと本質的な違いはない。若者たちは、都市で演じることから、都市をザッピングすることへと移行していった（同書）。

この位相転位のなかで、「東京」は「TOKYO」となる。もちろん占領期、海外からやって来た進駐軍兵士にとって、東京は最初から「TOKYO」であった。しかし、戦後を通じ、少なくとも多くの日本人にとって、東京は「TOKYO」である以前に、まず「東京」、つまり日本の首都として想像されていたはずである。ところが九〇年代末以降、そのような東京の経験は、日本社会自体においても失われていく。「首都」としての「東京」から「グローバルシティ」としての「TOKYO」への転位とも呼べるが、八〇年代の広告都市が外部なき記号的な全体として経験されたのに対し、それはむしろ内部なき断片として流通する情報の塊となる。地理空間としての東京は、九〇年代以降も、グローバルな資本のネットワークのハブとして人、情報、資本を高度に集積させ続けている。しかしその東京を表象していくのは、渋谷のスクランブル交差点であれ、「アキハバラ」や「アサクサ」であれ、最初からカタカナで書いたほうがいいような他者化された記号となる。

　こうした自己他者化は、潜在的にはすでに一九八〇年代から始まっていた過程でもあった。一九九〇年代半ば、マリリン・アイヴィーは、八〇年代からの国鉄（現ＪＲ）の「エキゾチック・ジャパン」のキャンペーンを素材に、「日本」がすでに日本人自身にとってもまるで外国のような存在としてしか感じられなくなっていることに注目していた。アイヴィーが指摘したように、「ジャパン」が日本人自身にとって「エキゾチック」なのは、「自己」がすでに「他者」としてしか感じられなくなっているからである。かつてのジャポニスムの日本人自身による受容がそうであったような「セルフ・オリエンタライゼーション」が、さらに徹底して「セルフ・エキゾティサイゼーション」になっていたとも言える。

　しかし、より注意深く言えば、一九八〇年代半ばにこのキャンペーンを国鉄が始めたとき、そこで「エキゾチック」なものとされていたのは、必ずしも他者から眺められた私たち自身ではなかった。キャンペーンは、「京都の祇園祭りの山鉾にはペルシャの絨毯や朝鮮のつづれ、中国の錦、ベルギーのタペストリーが使われています。薬師寺金堂の仏像の下の台には、ぶどう唐草文様が描かれ、サンスクリット文字が書かれており、仏像はインドのものを模したものと言われているものをもう一歩突っ込んで、あるいは今までと違った角度から見てみると、日本を突き抜け、朝鮮があり、中国があり、シルクロードを通ってインド、ペルシャ、ギリシャまでもが見えてきます」と語っていた。つまり、強調されていたのは日本のなかの「エキゾチック」なものの価値であり、長い時間をかけた越境的な交流のなかでこそ、「日本」は生まれてきたとの視点であった。日本を「国内」と「海外」で区別する、その常識自体が問われていたのである。

このキャンペーンはしたがって、一九八〇年代の世界がはっきりと「地球社会の時代」に入りつつあることを認識していた。そして、その「地球社会の時代」は、実は日本の内部に過去から連綿としてあったと主張していたのだ。八〇年代の日本は、時代が一気にグローバルに向かいつつあることを知らなかったのではない。知ってはいたが、しかしどうにも社会全体の方向転換をしていくことができなかったのである。そして九〇年代以降、社会を内側から変えていく可能性がますます失われていくなかで、グローバル化のプロセスは加速度的に進んだから、いまや巨大なものとなったグローバルなまなざしのなかで、やがて日本は、自らの内側にある他者に開かれる回路というよりも、自らを他者の前に提示する価値として「エキゾチック」を商品化していく道を選ぶ。ある意味で、ネオ・ジャポニスム的な時代意識が浮上していくのだ。このプロセスは数十年かけて続き、二〇〇〇年代以降、「クール・

ジャパン」から「TOKYO2020」まで、「TOKYO」は「エキゾチック・ジャパン」の舞台として政策的に演出されていくことになる。

3　バブル日本の再び失われた東京――再来する廃墟

「高度情報化」と「金融国際化」のなかで

一九七〇年代末の大平政権が「経済」から「文化」へ、「集中」から「分散」へと政策的な舵を切ろうとしたのとは逆に、実際の八〇年代日本、とりわけ東京は、さらなる一極集中、巨大なメガロポリス化へと向かった。七〇年代には一時減少に向かった東京都の人口は、八〇年代に入ると再び増加に転じただけでなく、企業本社の東京移転や外資系企業の東京進出が相次いでいった。全国の一部上場企業のうち東京に本社を置く企業の割合は、一九七四年の五五・五％から八一年には六二・三％に増加していた。この反面、同じ期間に上場企業が大阪に本社を置く割合は一九・六％から一三・五％に減少していたから、この東京集中は一極的なもので、大阪をも含めて地方都市を犠牲にする仕方で進んだ。背景にあるとされたのは、当時の言葉で言えば「高度情報化」と「金融国際化」であった。

当時、コンピュータによる情報処理技術と衛星通信や光ファイバーなどの情報通信技術の著しい発達と融合により、高度情報社会が出現しつつあると言われていた。そして、東京における圧倒的な情報発信機能の集積が、さらに東京への集中化を加速するとされていたのである。すでに八〇年代初頭、東京の情報供給量は、全国の八割以上を占めるともされ、国際会議や企業役員会の多くが東京で開催され、アートや文化、情報関係の職種の人々のなかで東京居住者の占める割合もきわめて高かった。たとえば、情報処理業の従業者数は、一九八四年の時点で東京圏が全国の五八・八%と大阪圏の一六・一%を大きく上回っていた。

しかも、すでに八〇年代初頭の段階で、こうした高度情報通信処理網の発展は、情報流通を大規模に加速させるだけでなく、やがて送受信者間の直接的なコミュニケーションを可能にし、中間結節点の持つ価値を低下させると予見されていた。たとえば企業の場合であれば、情報技術の発達により中枢の末端に対する管理能力が上昇し、それまで支社に任されていた権限が本社に吸収されるのだ。結果的に、諸々の組織の意思決定はますます中枢に依存するようになり、それらの中枢が集中する東京における情報が、中間地点の情報とは比べものにならないほどの価値を持つようになるとされたのである。

他方、一九八〇年代に東京一極集中を加速させるとされていたもう一方の要因は、東京の国際金融センター化である。一九八四年の日米円ドル委員会を契機に金融自由化が進み、長期国債先物取引の開始や大口定期預金金利の自由化、東京証券取引所の会員枠拡大と外国証券会社への参入機会の付与が行われるようになった。もちろん、これらはその後に起こるグローバル化の激流からするならまだ序の口であったが、それでも八四年にはたった一〇社だった外国証券会社の日本への進出数は、八五年には二〇社、八六年には三四社と激増していった。これらの外資は、圧倒的な割合で東京都心、それも大手町・丸の内から赤坂・六本木までの一帯に集中していった。八〇年代の日本のメディアは、東京はこれからロンドン、ニューヨークと並ぶ国際的な金融センターとなるのだと能天気に吹聴し続けていた。

このように、一九八〇年代初頭の東京は、高度成長する国土空間の中心というよりも、情報化とグローバル化の初期段階に突入した日本社会で、この流れに乗った「世界都市としての東京」を標榜し始めていた。そうしたなかで、都心オフィススペースの不足やインテリジェント化の必要が盛んに語られていたのである。とりわけ、まさにこれから起こるはずの東京の世界都市化に対応して、東京湾臨海部の大規模開発が、過度の機能集中でパンク状態にある東京の新しい道として推進されていた。実際、大規模なものだけでも、「東京臨海部副都心」「みなとみらい21」「幕張新都心」などの計画をはじめ、「大川端リバーシティ」「竹芝・日の出・芝浦埠頭再開発」「天王洲再開発」「豊洲・晴海再開発」「羽田沖合展開」「汐留再開発」「東京湾横断道路建設」など、二一世紀にその全貌が現実のものとなる「東京ウォーターフロント」は、その大部分が八〇年代に計画されていたものだ。

たとえば、東京都による東京湾臨海部の開発計画は、一九八六年一一月に発表された「第二次東京都長期計画」、八七年六月の「臨海部副都心開発基本構想」、八八年三月の「臨海部副都心基本計画および豊洲・晴海開発基本方針」などに示されていた。そこで開発対象となる青海(あおみ)・有明(ありあけ)・台場(だいば)地区の四四八ヘクタールと、再開発される豊洲・晴海地区の一九五ヘクタールをあわせると、計画区域は約六四〇ヘクタールに及び、これは千代田区の全面積の半分以上の広さだった。その広大な土地に「世界都市東京」の中核を建設することが目指された。計画は、湾岸部に「衛星通信による国際的な情報の受発信拠点（テレポート）と、人と物を媒介として直接情報の交流による情報創出拠点（コンベンション）を一体的に整備することにより、他に例を見ない総合的な国際情報拠点を形成」すると謳っていた。

同じ頃、横浜でも、千葉でも、同様の湾岸開発計画が立てられていた。横浜の「みなとみらい21」計画は、横浜駅東口から高島(たかしま)埠頭を経て新港(しんこう)埠頭に至る一帯を開発し、横浜駅周辺と関内(かんない)・伊勢佐木町(いせざきちょう)に二分されている横浜の都心を一体化させようとする計画だった。他方、千葉の「幕張新都心」計画は、幕張に国際コンベンションセンターを建設し、新市街の形成を図るものだった。こうして東京、横浜、千葉の三つの自治体は、それぞれの臨海部で高度情報化や金融国際化に対応する新たな都心空間を建設しようとしていたのである。

一九八〇年代半ば、東京都心や東京湾を中心に提案されていた開発計画は他にもある。一九八七年に国土庁が調べたところでは、東京湾岸で計画されていた開発プロジェクトだけで四〇を超える。そして、どのプロジェクトもキーワードとして「国際化」を掲げていた（『朝日新聞』一九八七年一月二〇日）。さらに、そうした開発プロジェクトだけでなく、数多くのシンクタンクや懇談会がそれぞれ湾岸の開発計画を提案していた。

再び浮上する東京湾埋め立て計画

特記すべきは、これらの東京湾臨海部開発計画のなかで、第Ⅲ章で論じた丹下健三の「東京計画1960」や産業計画会議の「ネオ・トウキョウ・プラン」を引き継ぐ開発主義的東京ビジョンが復活していたことである。そもそも一九八六年、丹下自身が自らの約三〇年前の構想を前提に「東京計画1986」を提案していたし、かつての丹下構想を強く意識したものとして、一九八七年五月には、黒川紀章らが、東京湾海底に堆積（たいせき）するヘドロを浚渫（しゅんせつ）し、それを湾中央部に集めて人工島を築造する「東京計画2025」を発表していた。この首都新島には、「国会議事堂、中央官庁、外国大使館、国際機関のオフィスなどのほか、業務・商業施設、外国人も含めた住居地区、リゾート地区、文化施設も完備する」とのことだった。この新首都は、「既存の行政区割りに属さない特別市とし、収容人口は五百万人。平安京にならった整然とした格子状の街路が走り、島全体に環状の運河が設けられ、どの住居からもヨットやボートを利用できる「水の都」となる」（『朝日新聞』一九八七年九月二日）。

黒川らの新首都イメージは、彼らのプランが発表される五年前から漫画連載が始まっていた大友克洋の『AKIRA』に登場する新首都「ネオ東京」に似ている。だが、こちらは破滅的な核戦争後の東京の姿である。大友の想像力は、一九四五年の焼け野原の東京を見据えていたが、黒川にそのような意識があったかは疑問である。彼は、東京がまだ核戦争で廃墟になっていないのに、東京湾の「環境を守る」ために、その湾中央を埋め立てて巨大な人工首都を築造するというアイデアに取り憑かれていたのだ。そこにある驚くべき倒錯に、彼は気づいていなかったかもしれない（そのせいか、黒川はその後、都知事選にまで立候補してしまう）。成長の時代のメタボリズムのおぞましき結末と、あえて言っておこう。

黒川らは、「浚渫により、干潮満潮による海水の浄化が可能だが、水質を江戸時代にまで戻すためには九十九里浜より運河によって太平洋の海水を東京湾の奥へ導入すること、沿岸部の埋め立てをやめ、干潟を残すこと、さらに、河川から流入する水の再処理による中水道システム等、総合的な施策が必要」と主張していた。「反公害」運動が盛り上がった一九七〇年代を経て、八〇年代の都市開発は、盛んに「環境」や「自然」の価値を語り始める。「環境」を保全し、回復していくために「開発」が必要というレトリックが駆使されていくのである。黒川の提案もその一種だが、実質は丹下の「東京計画1960」から中核の発想を借用しており、「水都」の修辞を加えた焼き直しの印象を免れない。

同じ頃、東京湾の大規模開発を構想していたのは、黒川たちだけではない。たとえば、郵政省（現総務省）、通産省（現経産省）、運輸省（現国土交通省）などの後押しで、東京湾を開発拠点とする「東京湾マリネット計画」「東京湾コスモポリス構想」「東京湾フェニックス構想」などの似た名前の開発計画が立て続けに出されていた。このうち、「マリネット」は「マリン＝港湾」と「ネット＝通信」の組み合わせで東京湾の情報通信網計画、「コスモポリス」は「コスモポリタン＝国際交流」と「ポリス＝都市」の組み合わせで国際空港に隣接した都市開発構想、「フェニックス」は、燃やした後の灰から新しい土地が生まれることを資本循環に組み込む意図で、一九八一年に制定された「広域臨海環境整備センター法」（通称フェニックスセンター法）に基づく構想だった。このセンター法は、埋め立てで臨海地区を拡張したいが環境庁（現環境省）に規制されてきた運輸省港湾局と、廃棄物処分場を増やしたいが用地確保がままならない厚生省が連携し、国が廃棄物護岸工事と処分場の建設を支援、埋め立て後の土地を民間に売却して資金の一部を回収する仕掛けだった。

これらのなかの「東京湾コスモポリス構想」は、「ロンドン、ニューヨークに次いで東京が世界の三大国際都市の一つになるためには、東京湾に一万ヘクタール規模の人工島を造り、高度の都市機能を備えた「世界首都」を構築する必要がある」とする（『朝日新聞』一九八七年九月三日）。人工島の居住人口は一三〇万人、就業人口は六〇万〜七〇万人とされた。

東京湾コスモポリス構想は通産省系の後押しを受けていたとされるが、運輸省も東京湾埋め立てによる人工都市建設に熱心だった。「日本経済は今後も一層の発展が予想されるが、陸での広大な土地の確保は困難で、海に開発空間を求めざるを得ない。だが、沿岸部は既に港湾や工業地帯などに利用されているので、沖に人工島を造り、土地需要にこたえ、地域振興・内需拡大を図る」という意図から、「横須賀沖の東京湾に総事業費四千百億円で面積百三十ヘクタール、人口一万人規模の人工島を十年がかりで造成する」事業案を、一九八八年度の予算要求に盛り込んでいた（『朝日新聞』一九八七年九月五日）。

同省はさらに、木更津沖にも三三〇ヘクタールの大規模な人工島を「国際交流ビレッジ」として造成する計画を立てていた。言うまでもなく、この木更津の人工島計画は、着工が迫る東京湾横断道路と関係があった。すでに横断道路の千葉県側の接続部として、木更津沖に六・五ヘクタールの人工島が造成されることになっていた。これが、現在の「海ほたるパーキングエリア」である。横断道路はここで橋梁から地下トンネルに切り替わるのだが、この細長い人工島を、巨大な人工都市に拡張しようとしていたわけだ。

こうした官民一体の人工島造成構想には、当時から地元漁民や住民による批判が向けられていた。当時、この問題を取材した『朝日新聞』は、船橋漁協組合長の傾聴すべき批判を紹介している。この組合長は、次々に報道される人工島造成計画について、「島を造って、橋をかけて……東京湾の持つ多様な価値をまったく分かっていない。これが日本の知的水準の現実なのかと、ただア然とする」と話していた。当時、この組合長は、「小型巻き網船を駆使して、京葉コンビナートの鼻先から湾中央の富津の沖あたりまで魚を追う」日々を過ごす一方、「暇なときはテニスもするし、「イワシ祭り」というイベントを催したり、東京湾に「フィッシャーマンズ・ワーフ（漁師の波止場）」造りを夢見」て様々な調査を重ねていた。彼はサンフランシスコ湾における都市生活と漁業の共生をモデルに、世界最先端の都市文化の街であることと、海運や漁業、海水浴やレジャー、美しい景観を共存させている都市が世界にはあること、その場合には共存のためのルールをしっかり設け、関係者がそれを守っていることが何よりも大切だと述べていた。これに対して、東京湾ではそのような公的なルールが形成されず、人々は「民活だなんだと、土地造成の場としか考えない」（『朝日新聞』一九八七年九月一〇日）。つまり、八〇年代の日本人にとって海は、文化的、生活的価値ではなく、なお経済的価値によって評価されるものだったのである。

同じ頃、環境団体も、東京湾臨海部開発の動きに警戒を強めていた。多くの開発計画で、埋め立てが環境に及ぼす影響についての評価がまったく不十分だった。海の水質汚染への重大な影響はもちろんだが、人工島拡張によるヒートアイランド化も深刻な問題だった。すでに高度成長期から、ビルやアスファルト道路からの反射熱やクーラーや自動車からの熱の放射で、東京都心の気温は上昇していた。この気温上昇を緩和していたのが、東京湾から吹く海風だったのだが、海が陸地化されていけば海風の力は弱まる。海風が弱まれば、気温上昇に拍車がかかるだけでなく、大気中の窒素酸化物も滞留し続け、都市の自然への悪影響が予測された。八〇年代、市民たちの意識は東京湾を蘇(よみがえ)らせることに向かっていたのであり、さらなる埋め立てによる人工島建設は、一般の市民感覚に逆行していた。

結局、有名建築家や官僚たちが夢想した気宇広大な東京湾人工島は、そのままの形では実現しない。それでも予定されていた埋め立ては継続され、やがて東京湾岸には広大な臨海地域が出現していくことになる。しかし、その後のバブル崩壊により、土地需要は見込みよりも大幅に減少した。臨海部に出現した広大な土地と、その土地で立ち上げられるはずであった産業の間に、ちぐはぐが生じていくのである。もともと臨海開発ムード一色だった八〇年代にも、「異常な地価高騰を抑えるためにも、と不動産業界などがいうが、本質はカネ余りの過剰流動性が土地投機に走っている一時的なもの。暴風雨だから傘をと、ビルばかり造ったら、晴れた時(二十一世紀)に持て余す、なんてことになりかねない」(下河辺(しもこうべ)淳(あつし)総合研究開発機構理事長)との冷静な声もあったのだが、国と都、経済界の大勢は臨海部開発を大きな流れと歓迎していた（『朝日新聞』一九八七年一月二二日）。

バブルと地上げが再び破壊した東京

一九八〇年代の日本人は、際限なき拝金主義と日本経済がこれからも成長し続けるという根拠のない確信に浸りきっていた。その危うい傲慢さは、「成長」に対する反省や「文化」への関心といった、七〇年代に一瞬芽生えたかに思えた意識を忘れさせるほど威勢のいいものであった。そして、やがてこの傲慢さは、現実のシステムの冷徹な論理によって打ち砕かれていく。九〇年代初頭に日本経済を襲うバブル崩壊とともに、異様な値上がりを見せていた地価の下落が止まらなくなり、地上げで取得された土地の多くが不良債権化した。

東京湾臨海部にしても、開発資金の大半を進出企業の賃貸料や売却代金で賄おうとしていたため、バブル崩壊後、進出予定企業の撤退や契約延期が相次ぎ、華々しい開発計画の多くが頓挫（とんざ）していった。それでも、共同溝や交通網などの基盤整備は都側の負担になったいたから、その財政的負担は膨らみ続けた。鈴木俊一（すずきしゅんいち）東京都知事（当時）は、記者会見で「都にも企業にも責任はない。バブル崩壊が原因」（『朝日新聞』一九九三年四月三日）と言い切ったが、バブル経済がこのまま続くと信じ込み、「土地で都ももうけ、余った金は福祉や投資が必要なところに回せばよい」（都庁幹部。『朝日新聞』一九九三年五月八日）と考えていたあまりの安易さに、「責任がない」とは言えないだろう。

バブル期の地上げとバブル崩壊による土地の不良債権化が、どれほど東京の、とりわけ都心部のコミュニティを崩壊させたかについては、すでに多くが語られてきた。たとえば、新宿区西富久（にしとみひさ）地区は、バブルから約四半世紀後の二〇一〇年代になって、ようやく地権者が主導する再開発組合により超高層マンションと中低層の集合住宅地区からなる街区に生まれ変わるまで、長く地上げとその後のバブル崩壊の傷痕（きずあと）が生々しく残る地区として頻繁に取り上げられてきた。かつて、この街には狭い路地に木造の家屋がひしめいていたが、八〇年代に地上げが横行し、約二四〇軒あった世帯数も半減、しかしやがてバブル崩壊で、地上げされた土地は不良債権化していった。空き家や空き地が増えて街は虫食い状態となり、空き地にごみが不法投棄されたり、空き家でボヤが相次いだりするようになったという。

とりわけこの種の地上げは、大規模再開発の計画地区に隣接して木造家屋が密集する地区で激しく起きていた。たとえば、戦後の闇市時代に生まれ、スナックや小料理屋が三〇〇〇軒以上も密集していたJR新橋駅西側の飲み屋街では、汐留地区の大規模再開発計画が動き出すと地上げ業者が殺到し、「土地代だけは、「角地だと坪1億円」と、銀座並みにはね上がった。「土地あさり」をめぐるうわさは、飲み屋街の真ん中にある区立小学校にまで及び、「買い手がついた」といった流言までもが囁（ささや）かれていたという（『朝日新聞』一九八七年九月八日)。これらの地上げ屋のなかには暴力団まがいの者もおり、様々な脅しや詐欺行為、放火事件まで起きていた。たとえば、一九八七年一二月の深夜には、この新橋駅前の文具店から出火し、隣の空き家と飲食店の木造二階建ての三棟が全半焼している。このあたりは「周辺の地価が著しく高騰、地上げ業者の暗躍や土地をめぐるトラブルがあった」ことから、警察は「放火の可能性が強い」とみていた(『朝日新聞』一九八七年一二月一九日夕刊)。

一九八七年を中心に、同様の放火事件が都内各地で発生しており、新宿ゴールデン街では七店が全焼、神田淡路町では共同店舗三棟が全半焼、渋谷区富ヶ谷、新宿区信濃町や高田馬場の木造アパートなど、都心各所で木造家屋が狙われた。放火以外にも、当時、地上げ業者による住民追いたての手口は、「脅迫、暴力行為ばかりでなく建物の破壊にエスカレートするなど悪質化する一方」だった。八八年九月には、深夜、六本木の木造二階建てアパートの一階に車が故意に突っ込んで、二階で寝ていた住民に重症を負わせる事件が起きている(『朝日新聞』一九八八年九月二〇日)。さらに同年一一月には、南青山の一等地で地上げを拒んだ地主を、刑事を装った暴力団組員三人が誘拐し、手足を縛り、猿轡をかませて四日間にわたって監禁する事件まで起きた(『読売新聞』一九八八年一一月二四日)。まさにバブルは人を狂わせたのであり、どの事件も悪質極まりない。

そして、やがてバブルがはじけ、地上げの嵐が過ぎ去った後に残されたのは何だったか。

西新橋の飲み屋街では、あちらこちらの店に「やむなく閉店します」の張り紙が貼られ、「戸口や壁を青いビニールで覆い、板を打ちつけた店も多く、くしの歯が抜けた」ようになっていったという。闇市時代からこの一帯の象徴的な存在だった「夢小路」では、「半数以上が立ち退き、現在、二十軒ほど残っている店も来春までには、すべて廃業、移転するという」(『読売新聞』一九八七年一二月五日)。あるいは神田では、かつては木造住宅が密集し、「台所の窓越しに話をしたり、隣の家から歌声が聞こえたら、笑いながら「下手な歌うたうなー」と冗談を言ったりするようなつき合い」をしていた近隣が、虫食い状態に空地が広がるゴーストタウンのような地区に変貌していった(『朝日新聞』二〇〇二年三月五日)。

誰が東京を再び廃墟にしたのか——中曾根民活と拝金日本

忘れてならないのは、東京湾臨海部での大規模開発も、バブルへの資金の流れも、地上げ業者たちの暴力や街の荒廃も、すべて偶然に起きたことではなく、一連の政治的介入に促されたシステマティックな過程だったことである。その最大の仕掛け人だったのは中曾根康弘首相であり、自民党田中派の金丸信がキーパーソンだった。

中曾根はその政権の最盛期、大平が一九七九年の施政方針演説で標榜した「経済成長」から「文化的成熟」へ、「集中」から「分散」への国づくりの方針を、逆に「民活」による新たなる経済成長へ、さらなる「集中」の是認へと再転換させた。そしてこの「集中」の是認は、莫大な富を関係者にもたらす可能性があった。一連のプロセスを仕切った金丸信は、九〇年代初頭に脱税事件で検察の家宅捜索を受けた際、自宅床下から大量の金の延べ棒が出てきてマスコミを賑わすが、検察当局は、これは建設会社からの闇献金を金丸が個人的に蓄財したものと判断した。一九八〇年代のバブルでは、あからさまに暴力的な地上げ業者たちの背後に、この国の政治の中枢に及ぶはるかに深い闇があったのかもしれない。

そして、この方針転換が政策的に表明されていったのは、三全総（第三次全国総合開発計画、一九七七年）から四全総（第四次全国総合開発計画、一九八七年）への移行においてである。もともと反公害運動の盛り上がりなどの七〇年代的風潮のなかで策定された三全総は、「大都市への集中から地方都市での集積へと転換」することが基調で、「国土資源の有限性を前提として偏在的な国土の利用を再編成しつつ、それぞれの地域において、自然的、社会的、歴史的条件に沿って、居住環境を総合的、計画的に整備」することを目指していた。そのため、「大都市への人口と産業の集中を抑制し、一方、地方を振興し、過密過疎問題に対処しながら、全国土の利用の均衡を図りつつ、人間居住の総合的環境の形成を図る」ことを「定住構想」としてまとめた。これが大平の施政方針演説にもつながるわけで、背景にあったのは、「四半世紀にわたって世界にも例のない高度成長を続けてきた我が国経済は、内外環境の変化によって新しい段階へと移行しつつある」との認識だった。

だから四全総は、本来は三全総で打ち出された国土計画の方向を深化させ、定着させていくものになるはずだった。ところがその途上で、中曾根首相の強い介入があり、方向が大きく変化していく。国土庁の事務レベルで四全総試案が策定されるのが一九八六年八月、そこで首相からは、東京の問題を解決しなければ、日本の問題は解決しないという趣旨の発言とともに、「パンチのきいたメリハリのある内容」をとの指示があった（『朝日新聞』一九八六年八月八日）。中曾根政権は、東京の再開発を新自由主義的市場化の戦略として重視し、首都政策も「集中」の是認に舵を切るべきと考えていた。そのため、国土庁で策定されていた「首都改造計画」も、八三年の構想素案にはあった「今後とも三全総で打ち出された定住構想に基づき、人口、産業等の大都市への集中の抑制、地方への分散を推進していく」との文言が、八五年にまとまる成案では削除され、むしろ東京の整備は日本の発展のために必要との考え方が強調されていった（川上征雄（かわかみゆきお）「四全総における「世界都市」東京論の展開と国土計画の課題に関する研究」『都市計画論文集』第二九巻、一九九四年）。

こうした介入を経て策定された四全総は、三全総を引き継ごうとした当初の構成を残しながらも、要所要所で東京の「世界都市機能」の充実を強調し、「我が国の国際的役割の発揮を阻害することのないよう十分配慮する」必要に触れていた。今や東京は、「世界の中枢的都市の一つとして、国際金融、国際情報をはじめとして、世界的規模、水準の都市機能（世界都市機能）の大きな集積が予想され」る。だからこれらの機能が「常時円滑に機能するよう、東京圏の地域構造の改編を進める」ことが必要だった。グローバル化する世界に対応していくために、東京の中枢性をますます高めなければならないというわけである。四全総はまた、そのような東京と地方を高速で結びつけるため、高速道路、新幹線、空港の整備にも力点を置いていた。それはある意味で、高度成長末期に策定された新全総（新全国総合開発計画、一九六九年）時代の開発主義への先祖返りだった。

こうして国の国土政策は、東京一極集中の抑制から是認へと転回した。この転回は、福祉国家から新自由主義への、つまり中曾根民活路線への転回と表裏をなすものだった。実際、中曾根政権下で、「東京の環状7号線内側の容積率のアップや東京駅周辺に霞が関ビル7棟分の超高層ビルを建設する計画などが次々と打ち上げられ、とくに（一九八六年）七月の衆参同日選後はその勢いを増し、民活担当の金丸（信）副総理が中心になって、都へ再三、計画の実現を働きかけ」ていったという（『朝日新聞』一九八六年九月二五日夕刊）。

すでに一九八七年一月の段階で、「中曾根首相の民活路線で開発がこのまま進むと、東京湾は死滅しかねない」といった批判が専門家たちから上がっていた（『朝日新聞』東京版、一九八七年一月三一日）。当時、国は、一方では東京湾の環境保全のために埋め立て抑制の必要性を認めながら、他方で次々に打ち出される開発計画で埋め立てを煽っていた。前者は一九七〇年代からの施策の流れであり、後者は中曽根政権で急浮上した路線だった。

同じ矛盾は「集中」と「分散」の関係でも生じており、八六年に決定された首都圏基本計画では、東京への過度の集中を是正するため、首都機能の一部を横浜、川崎、浦和、大宮、千葉などの周辺中核都市に移転させる計画が進んでいた。他方で、東京湾のテレポート化や東京駅周辺、ないしは汐留地区などでの大規模再開発計画が進み、二つの方向の間の矛盾は明らかだった。しかも当時、東京（臨海副都心）と横浜（みなとみらい21）、千葉（幕張メッセ）、埼玉（大宮新都心）などの間で激しい競争があり、首都圏の自治体が向かおうとする方向が一致していたわけではなかった。バブル経済で様々なセクターの欲望が際限なく膨らみ続けるなかで、社会全体のビジョンは内部分裂していたのである。

早川和男（はやかわかずお）は後に、「日本の戦後史の中でも、バブル期の地上げほど暴力的な手法が横行した例はない。その元凶は、ひとえに中曽根政権の民活、規制緩和路線にあった。／一九八三年、首相の指示を受けて建設省は、容積率の大幅緩和などを盛り込んだ指針を出した。審議会などの手続きも踏まない官邸主導のトップダウンで、曲がりなりにも積み重ねられてきた都市計画体制を無にする」指針だったと回顧している。本来、日本は一九八〇年代に、「高度経済成長で得た富を、住民のための社会資本整備に向けるべきだった。十八世紀から二十世紀にかけて西欧諸国は植民地経営などで得た富を生活基盤整備に使い、その時に造られた街並みが今でも財産になっている。ところが日本はまったく逆の道を選んだ」との総括である（『朝日新聞』二〇〇〇年三月五日）。大平政権が志した「文化的成熟」への道を中曾根政権は骨抜きにし、新たなる成長を「民活」で実現する道を選んだのだ。それは再度、無限の成長を目指す道であり、「地上げ」横行とバブル崩壊はその必然的な結末だった。

五輪と万博、そして臨海副都心での世界都市博

一九八〇年代末以降、バブル経済の波に乗って都心や臨海部の大発展を図った政府や東京都が考えていたのは、新自由主義的な規制緩和による新たな資本蓄積であり、そのために「世界都市」としての東京に高密に機能を集中させていくことだった。だからこの「世界都市」は、経済成長を主導するエージェントではあっても、文化を育む場ではなかった。その際、「文化」の代わりに何が「経済」を導くものとされたかといえば、それは「お祭り」、つまりオリンピックや万博のような国際的なビッグイベントであった。高度成長期からバブル期までの日本の都市を貫いていくのはお祭り主義である。それはつまり、ナオミ・クラインが論じた「ショック・ドクトリン」と同様の意味での「お祭りドクトリン」であった。

鈴木都知事が公けに東京臨海部での万博開催について語り始めるのは、一九八八年二月頃

からである。この時点で鈴木都政は三期目に入っており、美濃部時代の財政赤字も片づいて湾岸開発に向かう絶頂期だった。そして、鈴木はもともと一九六四年の東京五輪では副知事として東京改造の舞台裏を仕切り、続く七〇年の大阪万博では事務総長として万博実務の中枢にいた人物である。つまり鈴木ほど、戦後日本の五輪と万博を知悉した政治家はいなかった。かつて戦後日本の二つの巨大イベントを統括した鈴木が、その都知事としてのキャリアの頂点で、新たな成長路線を祝福する東京万博を開催したいと思うのは自然だった。

　彼は記者会見で、実は一九六〇年代、「東京オリンピックがすんだら万博をやろうということになっていた」と熱っぽく語った。鈴木によれば、当時、東京都と政府は東京と千葉の埋め立て地で日本初の万博を開催しようと調整を始めていた。ところが、当時の都知事であった東龍太郎は、池田勇人首相から「万博は、大阪の左藤義詮知事に譲った方がいい」と説得され、結局、鈴木はその事務総長を務めることになったという。それから四半世紀後、鈴木は「万博をやると、社会資本整備には大変いい」と語り、再び同じ夢を見始めていた（『読売新聞』一九八八年二月三日）。実は、この鈴木の構想を後押しする面々も昔と同じで、都市博の基本構想懇談会座長は丹下健三、コンセプトを考える中心を担うのは堺屋太一だった。言うまでもなく、これは大阪万博を主導したのと同じ陣容である。

　こうした知事の意向を受け、同年九月、東京都は「未来都市と人間活動」をテーマに、一九九四年から東京湾臨海部で大規模な国際博覧会を開く方針を打ち出した。都側は、この博覧会は「変容を続ける巨大都市東京の都市開発そのものを1つの作品に見立て」るもので、「「東京だからこそ」といわれるこれまでにない趣向を凝らした国際的な大規模イベント」」となると説明していた（『朝日新聞』一九八八年九月一四日）。当然、東京都はこれをＢＩＥ（国際博覧会協会）が公認する万国博覧会とし、インフラ整備に国庫からの補助を受けることも考えただろう。しかし、すでに九〇年に大阪で「国際花と緑の博覧会」が開催されることが決まっており、時期をずらさない限り万博としての開催は不可能だった。

鈴木知事が万博開催を語り始めるのが八八年二月で、都が「世界都市博」開催を打ち出すのがその約半年後だから、いかにも俄仕立てである。当時、「急ピッチで開催話が運ばれたため、都庁職員も戸惑いの色を隠し切れぬ様子」だったという。それにもかかわらず、異様ともいえる短期で開催を目指したのは、知事がすでに高齢で、「鈴木都政の記念碑ともなるイベント」をぜひ催したいとの思惑が働いていたとされる。そして、当時の東京臨海部開発の勢いからすれば、かつて一九三九年や六四年にニューヨークで開かれた「世界博」と同様、ＢＩＥ登録にこだわらなくても世界規模の国際博開催は可能と考えられた。

しかし、一九九一年にバブルははじけ、多くの企業が博覧会参加どころではなくなっていった。臨海部開発の先行きが怪しくなるなかで基盤整備の予算は膨れ上がり、都市博開催への批判も高まっていく。九二年の段階で、出展を約束した企業は一社もないという危機的状況だったが、鈴木知事は開催方針を変えず、九三年には、三年後の九六年に国連や世界の四六都市、国内一二二の自治体や企業が参加し、二〇〇〇万人を目標来場者数とする開催を正式決定する。「東京オリンピックのときも、大阪万博のときも、無理だと言われたがやりきった」というのが鈴木の自信だった。しかし当時、ある関係者は「知事は、いまや天皇なんですよ。大臣クラスの代議士でさえ、「君」づけで呼ぶんで、みんな怖くて行きたがらないし、悪い話は耳に入れようとしない。……この風通しの悪さが、都庁内の批判精神をすっかり奪ってしまった」と嘆いていた（『アエラ』一九九四年一〇月一七日号）。

結局、一九九五年という開催直前の段階で、都知事選で「都市博中止」を訴えた青島幸男（あおしまゆきお）が当選し、公約通り都市博の開催中止を決定した。そしてこの決定に、多くのメディアが喝采を送り、大方の都民も支持した。後に長野県知事として、長野五輪の負の遺産の処理に当たることになる田中康夫（たなかやすお）は、この決定をめぐり、「バブル期に、あの島（臨海副都心）を造り出したころから、ぼくは博覧会なんて必要ない、といってきた。「博覧会事務局」に出向した役人を通じて、タクシー券、宴会費用が〝本体〟に回ってきて、しかもチケットを協賛企業に押しつけるから、必ず黒字になる。博覧会がおいしいのは、中央官僚や都庁の役人や、企業だけだ」と語っていた（『朝日新聞』一九九五年六月一日）。戦後日本にとって、オリンピックと万博が何であったのかを、田中のこの短い発言はたしかに射抜いている。

東京は、再び五輪による「復興」を求める

青島知事による都市博中止決定は、しかし東京の未来に大きな課題を残すこととなった。何よりもまず、都は中止に伴う多額の補償金を企業などに払わなければならなくなり、財政的な混乱が生じた。また、「起爆剤」を失った臨海部開発は迷走を続け、知事と議会、都職員の間に亀裂が広がった。そもそも臨海部開発は、都民の間での十分な議論もなしに様々な開発計画が動き始めた結果で、それらの開発へのイデオロギー的な同意を取りつけようと都市博開催が決まったのである。だから、これはそもそも本末転倒だったわけで、バブルがはじけて企業が撤退していくと、都市博は臨海部開発の問題性を集約的に示すものとなっていった。だから、青島は鈴木とは異なるビジョンを都民に示し、不承不承でも議会や企業を巻き込んでいくべきだったのだが、そもそも青島にはそうした構想能力が欠けていた。

結局、臨海部では開発や基盤整備がなし崩し的に進んでいく。たとえば、都市博が中止になった後も、そのパビリオンになるはずだった諸施設の工事は続いた。そして一九九七年には、「水の科学館」や「有明処理場見学説明室」、「共同溝展示室」といった名前は地味だがそれなりの規模の施設がオープンする。「ゆりかもめ」や「東京臨海高速鉄道」（りんかい

線）などの交通システムの整備も進んだ。それでも「副都心全体の街づくりをどうするのか、一向に見えてこない」というのが現場の声だった（『読売新聞』一九九五年六月一日）。

やがて二〇〇〇年代初頭、東京都心や臨海部では、九〇年代のバブル崩壊による混乱が一段落したところで、再び大規模開発ブームが訪れようとしていた。とりわけ東京都心部の大規模開発は、八〇年代末にバブルで地価が高くなりすぎたため、公共用地は一時土地処分が凍結され、民間の敷地も誰も買えなくなり、開発自体も立往生する状態が続いた。しかし、九〇年代末から再び土地の売却が進むようになり、国内外の資本による大規模開発が一斉に動き始めたのである。そして、それらの開発事業が完成を迎えていったのが二〇〇〇年代半ばのことだった。このときオープンしたのが、東京駅丸の内方面のオフィス街や汐留の再開発地域、品川・大崎駅周辺の再開発などである。六本木でも、六本木ヒルズの開業が二〇〇三年、東京ミッドタウンは二〇〇七年である。この流れの前提になったのは、今度は小泉純一郎政権の「構造改革特区」によるミニバブルへの流れであった。

歴史は繰り返す。一九八〇年代末の都市開発ブームのなかで突然、東京万博開催に鈴木知事が向かったのに似て、二〇〇〇年代半ばのブーム再来では、今度は石原慎太郎知事が、やはり東京湾臨海部での二度目の東京五輪開催を提案するのである。つまり、一方には中曽根政権の民活路線と金融緩和によるバブルへの奔流があり、他方には小泉政権の規制緩和や特区戦略のなかでの小バブルへの流れがあった。そして東京では、前者が地上げの横行と東京湾臨海部での開発ブームを生み、やがて挫折していったのに対し、後者は丸の内・大手町、汐留、六本木、品川・大崎などでの巨大再開発を後押しした。しかし当然、これらの再開発との関係で臨海部のテコ入れも必要性が増すわけで、かつて鈴木知事が東京万博のようなイベントを考えたのと似た理由で、石原知事が東京五輪招致を考える必然性があった。

強調すべきは、二〇一六年五輪開催地に立候補した時点での、東京五輪と臨海副都心開発の関係である。都が狙ったのは、会場の大部分を臨海副都心とすることで、都市博中止以来「塩漬け状態の土地の価値を上げようとする、したたかな〝錬金術〟」であった。臨海部では、都市博中止以来、「道路や鉄道などのインフラ整備が遅れ、価格を下げても土地の買い手がなかなかつかない状況」が続いていた。「五輪招致が実現すれば、オリンピックスタジアムや選手村が建設される臨海部には新たに道路も延び、国や民間の資金も注ぎ込まれる。都は、選手や関係者1万8500人が入る選手村の整備費1353億円を民間資本で賄おうとするなど、不良債権が一気に「一等地」に変わると当て込んで」いた（『読売新聞』二〇〇六年九月一日）。石原は、多くの土地がいまだ更地の臨海部は、ずっと「負の遺産だったが五輪でユーティリティーが出てくる」としていた（『朝日新聞』二〇〇七年七月一三日）。

つまり、石原の東京五輪招致構想は、一面で、青島の都市博中止決定に対するリベンジのような狙いを持っていた。二〇〇〇年代以降、丸の内・大手町、汐留、六本木、品川・大崎などの内陸都心部が生まれ変わっていくのを傍目(はため)に、八〇年代にあれほど注目されていた臨海副都心は躍進のきっかけをつかめずにいた。だから、二度目の「東京五輪」をテコの支点とし、ここに大規模投資を入れて状況を一気に転換させようとの思惑だった。

まさにそうであるがゆえに、二〇二〇年の東京五輪開催が決定して以降の新国立競技場問題やエンブレム問題、そしてついに新型コロナ感染症パンデミックによる開催延期に至る迷走の過程は、東京都の関係者にとっては「悪夢の再来」とも言えるものだった。一九八〇年代に鈴木俊一が思い描いていた東京臨海部の未来像は、いまだに実現していないし、二〇二一年に延期された五輪開催がどうなろうと、おそらくは実現しない。その見通し違いの根本については終章で論じていくが、要するに一九五〇年代後半の山田正男や丹下健三、それに鈴木俊一が目指した東京も、八〇年代に鈴木が丹下とともに再び目指した東京も、そして二〇〇〇年代以降、石原慎太郎知事から安倍晋三政権までが目指してきた東京も、すべてオリンピックや万博というビッグイベントと結びつけられていたのだ。戦後日本において、この「お祭りドクトリン」は一貫して機能してきたのであり、そのようなドクトリンを通じて開発される東京では、「文化」はほとんど問題になってこなかったのである。

終　章

東京は復興したのか

——挫折の戦後史の奥底から

お台場海浜公園の海上に設置されたオリンピックのシンボルマーク（2020年１月17日）．写真：読売新聞社．

東京を離れる——コロナ禍のなかで

二〇二〇年から二一年にかけて、コロナ禍のなかで東京都心のオフィスの空き室率が上昇している。二〇年三月まで、概して二・〇%以下だった都心部の空き室率は、六月以降、どの地区でも増加の一途をたどり、二一年二月の段階で、港区の六・八八%、渋谷区の五・五五%をはじめ、比較的堅調な千代田区でも三・八五%に達している。港区や渋谷区は大規模開発で急増した新築のスペースが多い反面、ベンチャーやIT系企業も多く、それらは素早くオンライン対応をして不要となったスペースを引き払ったのではないか。他方、千代田区には日本の産業体制の中枢をなす大企業が陣取っており、これらの企業は様々な理由からスペースが空いてきても簡単には引き払わない。しかし、その千代田区でも四%近くまで空き室率が上昇しているということは、都心の大半の地区で企業は退去し始めているのだ。

オフィスだけではない。二〇二〇年夏以降、東京からの人口の転出も増え始めている。東京都から他の道府県への転出超過が顕在化するのは二〇二〇年七月からである。総務省統計局のデータによれば、東京都からの転出超過は七月以降継続しており、二〇二〇年四月から一二月までの転出超過人口は約一万七〇〇〇人だという。これらの転出者の移住先は、神奈川県、千葉県、埼玉県、それに長野県と茨城県が多いようだ。つまり、都内から週一、二回は通うことが可能な郊外やリゾート地に人々が引っ越し始めているのが透けて見える。東京都心の狭小な家で我慢するのではなく、都心から離れていても海や山が近くにあり、広い家に住むことを人々は志向し始めているようだ。また、全国の道府県から東京都への転入者も減少し続けており、人々はもう東京に移り住もうとはしなくなってきている。

もちろん、こうした流れがコロナ後も続くかどうかに懐疑的な人も多い。しかし、最近ではテレワークの浸透で不要になったオフィスを引き払うだけでなく、本社機能の東京からの移転を考え始めている企業も増えているようだ。コロナ禍による環境変化で、企業が地方に本社を移すメリットが大きくなり、デメリットが小さくなったということらしい。メリットのいくつかは明白で、まず何よりも東京の高すぎる賃貸料を削減できるし、通勤時間や通勤手当についても縮小できる。より職住接近になっていくから、様々な意味で生活のクオリティを上げていくことができる。他方、デメリットとされてきた取引先や省庁とのコミュニケーション、あるいは社員の東京志向も、テレワーク化が進めば変化の兆しが見えてくる。つまり、様々な取引上や会議の必要、商売上のチャンスや文化的刺激の面での東京の求心力が弱まり、賃料や移動コスト、物価の高さなどの遠心力が作用してきているのだ。

この変化を歴史のなかで捉え返してみよう。過去、東京集中は近代を通じた大きな潮流だったが、少なくとも二回、この潮流が弱まったことがあった。一つは、戦中期から戦後にかけてで、空爆で東京は壊滅し、大量の人々が地方の農村部に疎開した。当時は地方のほうが東京よりも豊かで、東京の人は概して困窮していた。国土政策的にも、戦中期はもちろん、戦後になっても東京への集中を促すのではなく、人口や機能の集中を制限し、戦後日本の国土を多核分散的なネットワークとして再構築していこうという考え方が主流だった。戦後日本は、最初から経済の高度成長やそのための東京集中を目指していたわけではない。

そしてもう一つは、一九七〇年代、高度成長が飽和に向かい、オイルショックもあって経済が停滞するなかで、東京への集中傾向が弱まり、成熟社会のなかでの国土の分散的な再編成が目指されていた時期である。この考え方は、三全総や大平正芳政権の国土構想にはっきり表明されていた。しかしこれも、その後のバブル経済のなかで消えていく。

つまり、この二つの分散の時代の後に続いたのは、いずれも集中の時代で、そこでは経済成長のために東京が大改造され、東京集中に一層の拍車がかかっていくとともに、この都市はさらなる記憶喪失に向かっていった。東京五輪や東京万博に向けての動きがいずれもこの時期に本格化しているのは偶然ではない。前者は実現して長く日本人の記憶を支配し続けることになり、後者はバブル崩壊のなかで破綻してしまう。そして、そこで残された東京湾岸の都市整備問題が、今日の二度目の東京五輪の構想と混迷につながっていることは、すでに論じた通りである。もしさらにこの過程を遡るならば、一九二三年の関東大震災による東京の壊滅と、その後の帝都復興においても、同様のパターンが演じられていたことがわかる。震災からの復興の結果、東京は大東京となり、その「復興」の完成を祝って復興祭が開催されただけでなく、やがて東京五輪と東京万博、それに紀元二千六百年の祭典が揃って開催されるはずであった。日本は世界屈指の「お祭り国家」で、開発主義と一体化した「お祭りドクトリン」は、帝都復興から戦災復興、そしてポスト成長期のバブル崩壊や新たな震災、コロナ・パンデミックからの復興プロセスまでをも貫いていく。

その一方で、二〇二〇年以降、コロナ禍のなかで一気に浸透したオンライン化は、東京と地方の関係を再び変化させている。東京集中が弱まった最初の契機が戦争、二番目が成長の終わりだったのに対し、三番目は感染症パンデミックとなったわけだ。そして今回は、移動手段やコミュニケーション手段の変化のなかで、時間と空間の大規模な再編成が起き始めている。東京にすべてを集中させることで効率性を上げる方法は、明治国家の中央集権化の延長線上にある。そのように垂直統合によって社会の生産力を拡大させていく方法は、戦前の富国強兵や戦後の高度成長の根幹をなした。だが、まさにその垂直統合的な社会の仕組みが、一九八〇年代以降の水平統合を基盤とするグローバル化のなかで日本だけが孤立し、衰退していく大きな要因となったのだ。水平統合的なシステムは、根本的に多中心的であり、東京だけに一極集中化するのは、社会全体にとってマイナスのほうが大きい。

ポストコロナ遷都とその後の東京

こうした東京からの遠心力は、これまで遷都論として議論されてきたことでもある。高度成長の頃からすでに、東京から富士山麓や浜名湖周辺、名古屋や愛知県東部、北関東や仙台、盛岡等々への遷都が論じられてきた。しかし、そのたびに実現には至らず、遷都は永遠に実現しないとの見方にもなってきた。それでもなお、東京はあまりに多くの機能と資本、人口を集中させすぎており、地方は力を失いすぎている。そのリバランスのために、首都機能の分散化は不可欠との指摘もある。そして何よりも、一方では感染症から地震までの高リスク社会が今後も続き、他方でオンライン環境が整備されて首都機能が離れることへの壁が低くなるなかで、遷都の可能性をめぐる議論が活潑化すると予想される。多くの企業が本社機能を地方移転できるなら、国だって中央機能を地方に移転できないはずはないのである。

もちろん、ここから先は仮定の話なので、決定的なことは言えない。しかし、東京からの遷都において、まずしなければならないのは、皇室の京都への帰還である。京都御所を本格的に整備し、京都の中央に天皇がいる日本古来のかたちを取り戻す。近代日本の重大な失敗は、天皇家と国家権力の距離が近くなりすぎたことにある。天皇が本当に日本の「象徴」ならば、政治との距離を安定的に維持できるロケーションが望ましく、それは東京のど真ん中の「皇居」ではなく、古都の「御所」である。そしてこれは、すでに決定済の文化庁の京都移転とも相乗的で、宮内庁のみならず文科省の諸局や文化、観光、スポーツ関連の機能の京都移転にもつながる。京都は名実ともに日本の文化首都となるのである。

他方、経産省や国交省、総務省といった国家の屋台骨を担う諸官庁も、おそらく東海道新幹線で結ばれた路線上のどこかに移ることが不可能ではない。それが名古屋なのか、静岡なのか、浜松なのか、岐阜や滋賀なのかはわからない。もちろん、仙台や福島のような北上案の可能性もまったくないわけではない。当然、東海・中部・近畿地方のどこかを考えるなら、東海方面での地震・津波に地域全体が徹底して備えることにつながるだろうし、国の首都機能が複数の都市に分散することは、リスク対策的にプラスがあるはずだ。

いずれにせよ、そのような東京からA市やB市（仮にそう呼んでおこう）への遷都が実現した場合、残された東京がどうなるのかが、ここで考えておくべきことである。つまり、「東京マイナス首都機能」の東京とは、いかなる東京なのか。もちろん、主要な首都機能が移転しているということは、かなりの数の企業が本社機能を地方に移し、就業人口も今よりも地方への分散化が進んでいる状態となる。東京は相変わらず日本最大の大都市で、様々な中枢機能を残しているが、一九六〇年代から二〇〇〇年代までに進んだこの都市への一極集中化がある程度緩和され、多極分散的な都市社会へと日本列島が変化を始めている状態を考えたい。そのとき、東京とはいかなる都市であり得るのか——。

本書が論じてきたように、まさにそのような東京こそ、石川栄耀の戦災復興計画や大平政権の田園都市構想で標榜されていた東京の未来だったのだ。敗戦直後やポスト高度成長の七〇年代、東京の未来を経済成長よりも文化的成熟に向けていこうというビジョンがたしかに存在した。そのような文化首都、ないしは文化首都への構想は、それに続く東京五輪と高度成長の時代には「空想的なロマンチシズム」として捨て去られ、あるいは八〇年代のバブルの時代には超巨大化し、一極集中化するネオ東京へと巧妙に中身をすり替えられた。むしろそのような文化首都や文化的成熟の破棄こそが、新たなる成長に向けた東京の「復興」として称揚されてもきたのである。——それが、偽らざる日本の戦後史であった。

しかしコロナ禍による劇的な社会変化を受け、今一度そのような可能性、つまり「東京マイナス首都機能」に向けた多極分散的な社会で東京がいかなる都市であり得るのかを考えてみることには意義がある。言うまでもなく、その東京のキーワードは「文化的成熟」であって、「経済成長」ではない。求められるべきは「より愉しく、よりしなやかで、より末永い」東京であり、「より速く、より高く、より強い」東京ではないのである。何よりもその東京に必要なのは、都市の速度のスローダウンであり、スピードアップではない。

だから、石川栄耀から山田正男へ、あるいは文教地区構想から「東京計画１９６０」へという仕方でオリンピックシティ東京に向かったこの都市の過去を再審し、あり得たかもしれない文化首都への可能性を探り直してみる必要がある。あるいはまた、大平政権において垣間見られた高度成長型の社会から文化的成熟型の社会への転換が、なぜその後、中曾根民活路線とバブル経済、首都の巨大開発へと向かったのかも検証し直す必要がある。

東京復興ならず——精神の焼け野原の奥底で

改めて強調しておきたいのは、そうした反転の重要なタイミングに、五輪や万博、様々なメガイベントへの流れが存在したことである。その意味で、戦後日本史において「五輪」や「万博」と「文化的成熟」は対立する。つまりそれらは、ゆっくり時間をかけて育まれるべき文化を、経済成長への急流のなかに巻き込んで圧し潰すような役割を果たしてきた。敗戦後、焦土のなかで構想されていた文化国家や文化首都へのビジョンは、一九五〇年代半ば以降の「復興」から「高度成長」へという流れのなかで失われていった。一九六四年の東京五輪開催は、この流れを象徴的に体現したのであり、だからこそこのオリンピックの圧倒的な象徴性を狡猾に利用する「お祭りドクトリン」は、都民の多くが早期の都電撤去を望んでいなかったのに、東京都内から路面電車をほぼ全面的に撤去し、用地買収に手間がかからず早期に建設可能というだけの理由から、東京都心を縦横に流れていた川や運河を潰して巨大な高速道路網を建設し、五輪に相応しい「速い東京」を実現させたのである。

もし、そうして現実に東京がたどったのとは違う東京の未来を模索し直そうとするなら、私たちは今一度、一九四五年の焦土の東京に戻らなければならない。――それが、本書の出発点であった。そしてその焦土の東京で、敗戦後の新しい国家の、また新しい首都の基軸となるべき概念は、「軍事」ではもちろんなく、「経済」でもなく、「文化」であった。南原繁が高らかに宣言したのは、戦後日本は文化国家に、東京は文化首都にならなければならず、その文化首都の中核で、大学には果たすべき使命があるとの考えだった。つまり、大学はそのキャンパスの内側で、「学問の蘊奥(うんのう)」を究めてだけいればいい機関ではない。大学が育むのは何よりも「文化」であり、その文化はキャンパスの壁を越え、周辺の地域社会との交流や協力を通じ、新しい国家を文化的成熟へ向かわせていくはずだった。

そしてたしかに、一九四五年の焼け野原の東京では、この南原の文化国家論や、それを都市計画の面からリードした石川栄耀の文化都市へのビジョンが、必ずしも実現不可能な理想主義とは考えられていなかったのだ。延々と広がる焼け野原は、その何もない風景のなかに、過去からの解放、つまり大日本帝国の専制やその帝都としての東京の呪縛からの解放を予感させていた。大学はまだ都市のハイカルチャーの中心の位置を占めていたし、多くの大学の周りで学生街が健在だった。敗戦直後の東京では、東大を中心に上野・本郷から湯島・小石川までを文教地区化し、同じように早稲田、慶應の三田、東工大の大岡山、日大や明治などの神田の周囲にそれぞれ大学街を形成することで、様々なタイプの大学街からなる文化首都を構想することが空想物語ではなかったのだ。そしてこの大学を中核とする文化首都としての東京は、欧米の都市における大学の役割とも重ねられる理想を含んでいた。

しかし一九五〇年代、「文化」から「経済」へと戦後復興の基軸が大きく変化していくなかで、このような石川‐南原的な文化首都像は、実現不可能な理想主義にすぎなかったと断定されていく。東京の都市計画でこの転換を主導したのは、すでに述べた山田正男であった。しかし山田に限らず、丹下健三や鈴木俊一もまた同じ方向を向いていた。それどころか、五〇年代末から六〇年代にかけて、池田政権の所得倍増政策に歓呼して自宅に家電製品を揃え、お茶の間のテレビで東京五輪に熱狂した私たちも、その右肩上がりの時代の気分を思いっきり吸い込んでいたはずである。誰しもが、「より速く、より高く、より強い」東京を作り上げていくことに未来を見出していた。そして、そのような未来の東京への傾倒が、都電のネットワークやこの都市に張りめぐらされていた水路といった、東京の未来にとってかけがえがなかったはずの文化資産の多くを失わせていったのである。

そもそも「文化 culture」とは、「農業 agriculture」と同じその語源が示すように、耕作する循環的なプロセスを指す。つまりそれは、すでにある文化財の数々ではないし、海外から輸入される最先端の流行でもない。文化は人々の、あるいは人と自然の時間がかかる交渉のなかでこそ営まれるもので、「文化国家」や「文化首都」は本来、富国強兵や殖産興業、それに高度成長とはまるで異なる時間の流れと結びつく。だから、金もなく、力もない、ない尽くしの焼け野原の東京でも、本当に人々に意志があれば、それらは実現可能な理想だったのだ。ところが戦後日本は、そんな緩やかな時間のなかで復興への歩みを続けることができなかった。朝鮮戦争勃発とともに訪れた上げ潮ムードのなかで、少しでも早くに生産を拡大し、一気に経済成長へ離陸することに専心していった。

だから結局、東京は今も焼け野原のままなのだ。もちろん、物理的に焼け野原なのではない。すでに東京には、数多(あまた)の超高層ビルが林立し、首都高速から地下鉄網、新幹線まで高速交通の整備がなされ、再開発地域はきらびやかな意匠で顧客を迎える。東京の表層は、明らかに焼け野原とは正反対の姿をしている。しかし、これらは実は幻影で、うごめく幻影のグローバルシティ東京の奥底には、文化的焼け野原が広がっている。文化的循環＝成熟へのプロセスという観点からするならば、東京はちっとも復興してはいないのである。

すでに序章で論じたように、「復興」とは、「一度衰えたものが、再び盛んになること」を意味する。同様の言葉には、「再興」「興復」「回復」「恢復」「蘇生」「復活」などがあり、いずれも何らかの理由で衰微し、失われたものが、再び取り戻される過程を示す。関東大震災からの「帝都復興」がこの言葉の含意をすっかり変えてしまうまで、「復興」はアルカイックなものの復活という観念と結びついてきた。それは、失われた伝統や様式の復興、衰えてしまった家系や生業の復興の意味だったのだ。したがって、ここにあるのは歴史を直線的な発展として捉える進歩主義的歴史観ではない。歴史は何らかのパターンの反復、ないしは循環なのであり、過去と現在、未来は螺旋を描くプロセスのなかにある。未来は過去のなかにあり、そのような過去は未来のなかで生き続けるのだ。もちろん、こうした歴史観は、そもそも「文化＝耕作」という概念の根底にもあったもので、だからこそ失われた命は、文化のなかでこそ蘇ることができるのである。直線的な発展史観のなかでは、死者は永遠にこの世に戻れない。その先に広がるのは、果てしない虚無でしかなくなってしまう。

戦後日本は、その経済成長への専心を通じ、まさしくそのような果てしない虚無を欲望し続けた。しかも、その無限の発展願望は、すでに東京が関東大震災による廃墟から「復興」し、東アジアの「帝都」にのし上がっていくときから日本人の意識に埋め込まれたものだったのかもしれない。その後、「完全な無風状態」のなかで繰り返された東京空爆により、この都市は再びすべてを失ったかのように見えた。焼け野原の東京には、もう何も残っていないと思われたのである。だから戦後は、「ゼロからの再出発」だと、多くの日本人が勘違いした。しかしその焼け野原には、ほんの少し前まで、降り注ぐ無数の焼夷弾が発生させた炎に巻かれ、焼け死んでいった人々の死体が至るところに転がっていたのだ。それらの無数の死者たちのうごめく記憶が、焦土と化した東京の大地にはこびりついていた。その記憶を、占領軍の検閲よろしく私たち自身までもが消去してしまっていいはずはなかった。

復興は、過去と共にあることからしか生まれない。それにもかかわらず、すでに本書を通じて論じてきたように、戦後東京は「復興」を「経済成長」として受け止め、都市がより「豊かに」なることは、「より速く、より高く、より強く」なることだと考えてきた。東京は、「成長し続ける首都」でなければならないと信じ、そのような成長モデルに従わせるために、東京五輪から世界都市博までを開発目標として設定してきたのである。しかしこれは、「成長」のプロセスではあったかもしれないが、「復興」のプロセスではなかった。戦後日本の歴史を「復興」から「高度成長」への連続的な過程として捉えるのを当たり前のこととしてきてしまった私たちは、そうした理解を通じ、戦後における「復興」の不在に気づかなくなったのである。そこにはやはり、誤魔化しがあったと敢えて言わせてもらおう。つまるところ、成熟としての「復興」という概念を、戦後東京はついに獲得しなかった。否、少なくともまだ獲得できていない。どう考えても、東京は復興などしていないのである。

ポストオリンピックシティとは何か――コロナ禍の先へ

だからこそ、二〇二〇年から二一年にかけてこの都市に、また全世界に起きたことは、このような直線的な発展思考、経済成長至上主義に対する重要な警鐘であった。新型コロナ感染症パンデミックの発生は、一九八〇年代から加速した新自由主義的グローバリゼーションに対する反動の一つである。私たちはすでにその反動を、二〇〇一年には米国同時多発テロ（9・11）として、〇八年にはリーマンショックとして、一六年にはブレグジット（英国のEU離脱）とトランプ米大統領誕生として経験してきた。これらはいずれも、突然、別々に生じたように見えながら、二〇世紀末からのグローバル化、すなわち各国の生産拠点や都市が劇的なスピードで水平統合され、莫大な情報と資本、ヒトやモノが高速で越境的に移動するようになった地球社会に対する反動という点で共通している。9・11はグローバリズムのなかで周縁化され、排除された少数派による命がけの反逆であり、リーマンショックはこのグローバル化自体の破綻である。ブレグジットやトランプ政権と、グローバル化が生んできた諸々の分断との反動的な関係は説明を要しない。

そして言うまでもなく、感染症パンデミックとグローバリゼーションは、すでに一四世紀のペスト禍、すなわちモンゴル帝国のユーラシア大陸制覇による交流の劇的拡大（一三世紀グローバリゼーション）がパンデミックの背景となった時代から表裏をなしてきた。「感染予防」と「経済再生」の二律背反という、二〇二〇年に私たちが聞かされ続けた矛盾の根底にあるのは、グローバル化とパンデミックの表裏の関係である。一九六〇年代から七〇年代にかけて深刻化した公害病が、日本の加速度的な工業化による経済成長への過度な没入が生んだ負の結果であったとするならば、感染症パンデミックは、グローバル化を通じて全世界の産業社会化が生んでいる負の結果と言える。そして、同じような感染症パンデミックは、資本主義のグローバルな高速化が続く限り、二一世紀を通じて再発するのである。

二〇二一年三月の現時点において、本当に今年、東京五輪が開催されるのかどうかはわからない。すでに聖火リレーは始まっており、日本政府は何が何でもオリンピックを開催するつもりらしい。しかし、そのオリンピックに海外からの観客は来ない。海外客を受け入れない決定を、すでに政府やＩＯＣが下している。だからもし東京五輪が開催できても、そこに海外からの観客はおらず、選手たちが苛酷（かこく）なほどに厳重な管理下に置かれ、ほとんどの試合はリモートで、決まったシナリオ通りに進む試合が観戦されていくことになる。マスコミはそれでも必死に盛り上げにかかるだろうが、国内的にはそのような動員が成功しても、明らかに全世界の人々の関心は、オリンピックのような「お祭り」に向かうことはなく、新型コロナ感染症パンデミックはどうなるのか、全世界でワクチン接種は進んでいるのかに向けられるだろう。二〇二一年は、もはや「オリンピック」の年ではなく、「ワクチン」の年なのである。要するに、二〇二一年に東京でこのイベントを開催する理由も、意義も、すでに失われている。それでも開催して得られるのは、象徴的な自己満足でしかない。

そして二〇二一年以降の東京は、この都市の「復興」が、二重の意味でなされなかったのを知ることになるだろう。第一に、この二度目の東京五輪は、東京の都市構造を再転換する契機にならなかったばかりでなく、多くの人が誤用してきた意味の「復興」、すなわち経済効果でもマイナスの結果しか残さない。試算では、大会延期で四〇〇〇億円以上の費用がすでにかかっており、直接の経済効果でも二〇〇〇億円以上が失われている。しかもコロナ禍で外国人観光客はほぼゼロの状態が続くから、五輪開催を当て込んでいた観光業や旅客業へのマイナス効果は甚大である。仮に、延期された東京五輪がなんとか二〇二一年夏に開催されても、外国人観光客なしの厳戒態勢で粛々と予定をこなしていくことになるから、お祭り気分とはほど遠く、五輪開催で人々の消費が拡大することにはならない。五輪開催中もコロナ感染は続き、「お祭り気分」よりも「感染予防」を優先するのが国民的合意となるはずだ。結果的に、東京五輪は、開催してもしなくてもGDPを〇・一％程度押し下げることになり、さらに長期的な損失は二兆円とも、四兆円とも言われている。

第二にしかし、このような経済中心の発展史観で「復興」を捉えることは、この言葉本来の含意を否定している。「復興」とは、今までにない成長が生まれることではなく、「過去」が蘇ることだ。だから重要なのは循環的な回帰であり、直線的な発展ではない。「文化＝耕作」は、その循環的な回帰のなかで育まれる価値あるものの総体だから、「復興」は本質的に文化的な営みなのである。しかし、このような「復興」の概念を、長く戦後日本、とりわけ東京は失ってきた。それは単に精神として失ったというだけでなく、川筋や路面電車、街々の路地、様々な死者たちの記憶の場、そして文化首都として東京を育てていく可能性が失われたという意味を含む。そして、二〇二一年の東京五輪に先駆けた一六年の東京五輪構想は、世界都市博の中止で宙ぶらりんになった臨海副都心の開発を一挙に進めるという、「復興」とは正反対の発想で推進されてきたものだったから、そもそもこの五輪の開催は、一九六四年のときと同様、「復興」よりも「復興の否認」につながる可能性のほうが高かった。つまり、この五輪構想が、そもそも六四年からの方向転換を目指したものではなく、六四年の再演を目指したものだったことに、問題の根本がある。

一九六四年の東京五輪に象徴される高度成長期を通じ、日本人は経済的な富を得るのと引き換えに、多くの文化を失った。ところが二〇二一年の東京五輪に至る平成時代には、日本人は経済的な富も失い、文化的な価値も失い続けている。すでに拙著『平成時代』（岩波新書、二〇一九年）で論じたように、一九九〇年代から二〇一〇年代までの平成時代は、日本経済がグローバルな水平統合の流れに適応できずに衰退を続けた三〇年だった。二度目の東京五輪は、まさにその失敗の構造的連鎖のなかで、何がこの失敗を連鎖させてきたのかについての根本的な反省がないまま構想された。だから結局、オリンピック後の東京に広がるのは、平成時代の延長線上にある経済的、文化的な焦土である。私たちは東京の未来を、そのような焦土のなかから再び見つめ直すべき時代を生きているのである。

まさにここにおいて、原点に再び立ち戻ってみる必要がある。一九四五年、焼け野原の風景が広がるなかで、東京はどこに向かうことができたのか？　もし、ポストコロナ時代もリモート化がさらに進行し、東京が唯一の首都である必要性がますます低くなり、やがて多くの首都機能が外に移転していくとしたら、その「東京マイナス首都機能」の東京で、現在の文化的焼け野原からの再出発をどう構想することができるのか？　ポストコロナの東京とは、ポスト東京一極集中の東京であり、過剰な新自由主義的グローバリゼーションから持続可能なグローバリゼーションへの転換を導く東京となる。そのような東京の未来を、私たちはいかに構想すべきか。——その答えの多くが、すでに過去のなかにある。

本書が一貫して探究してきたのは、戦後東京が実際にたどった、「文化復興」よりも「経済成長」を優先させる道を反転させること、つまり、南原繁や石川栄耀が目指した文化首都のビジョンが挫折し、やがて丹下健三や山田正男による首都改造、オリンピックシティとしての東京が立ち上がっていった過程を裏返していくことであった。そしてこの試みは、一九七〇年代に兆しとして見えていた「文化的成熟」に向けた都市構想が、なぜ八〇年代の中曾根民活からバブル経済への流れのなかで再び失われたのかを考えることとも結びついていた。東京は二〇世紀を通じ、関東大震災、第二次世界大戦末期の東京空爆、東京五輪のための首都改造、バブル経済のなかでの再開発という四つの契機によって破壊され続けてきた。しかし東京は、そのように繰り返された破壊で生じた焼け野原のなかに、今も無数の過去の記憶や遺産、歴史的痕跡を残し続けている。何度も強調してきたように、東京復興の可能性は、まだら模様に残っているこの過去へのつながりを「復興」させることにある。この首都を、未来のために過去を捨て去り、無限に発展し続けようとする都市ではなく、未来のために、過去とのつながりをこそ再生させていく都市に転換させていかなければならない。

あとがき

東京から、学生街らしい学生街が消えたのはいつのことだったのか。今日、本郷の町を歩いても、かつての学生下宿はほぼ全滅し、旅館も多くがマンションに建て替えられている。神保町は、今でも本屋や楽器店、スポーツ用品店の街だし、企業人に混じって学生の姿も多いが、それでもここを学生街と呼べるだろうか――。早稲田や三田には早慶の学生相手のラーメン屋が並ぶが、本屋や喫茶店は減り、表通りに昔ながらの学生街の雰囲気はない。

ある時代から、若者たちの街は、大学とは関係がなくなっていった。渋谷や原宿が若者の街なのは、ここに大学があるからではない。街のテイストは異なるが、秋葉原も若者の街と言えようが、大学との関係は薄い。都市の文化拠点としての大学の地位低下を決定づけたのが、六〇年代末の大学紛争だったのは間違いない。しかし、紛争の結末がもう少しマシなものだったとしても、七〇年代以降も大学が都市の文化拠点であり続けた可能性は低い。

この日本における都市と大学の関係は、欧米や他のアジア諸国の都市と大学の関係とだいぶ異なる。都市としてのオックスフォードの中心は今も大学だし、ハーバード大学のあるマサチューセッツ州ケンブリッジは大学都市である。たしかに都市の規模は関係があって、ニューヨークはコロンビア大学の大学都市ではない。しかし全体として、都市の文化に対する大学の影響力は大きく、多くの大学が周囲に学生街を形成している。

この違いは、大学の問題である以上に都市の、さらにそれ以上に文化の問題であるように思われる。今日、東京の文化とは、何よりも商品の文化であり、メディアの文化である。この商品やメディアとの結びつきの強さにおいて、東京は世界の都市のなかでも突出している。渋谷や原宿、秋葉原は、まさにメディアや消費を中核に若者たちが集まる街である。ニューヨークやパリ、ロンドンでは街の中心に巨大なミュージアムや公園があり、文化的な広場の役割を果たしてきた。しかし、ポストモダン都市東京にはそのような中心はなく、メディアや消費との結びつきを通じて徹底してボトムアップ的に都市の文化が形作られてきた。

それが東京の個性なのだから、いいではないか――との意見もあろう。だが七〇年前、敗戦直後に戻るなら、そこで目指されていた東京の未来は、現実の東京がたどった道とは異なっていた。第一に、戦後日本は軍事国家から文化国家に転換しなければならないと人々は確信し、それがいかなる「文化国家」なのかを問うていた。第二に、そうした文化国家の首都への人口集中はできるだけ抑えられるべきで、国土は多核分散的に編成されなければならない。東京内部も都市の諸機能を生活圏単位でまとめる街づくりがなされるべきだ。中規模の生活圏の連なりこそが都市の文化的多様性を育むと考えられていた。第三に、その多核分散的な都市の文化をリードする役割を大学は果たすべきとされていた。

本書で示したように、東京の戦災復興計画はこうしたビジョンを含んでいたが、それは現実には無残なほど実現しなかった。完全に「絵に描いた餅」で終わったのである。一九五〇年代半ばから現在に至るまで、東京は経済成長を駆動原理として、より速く、より高く、より強い首都を目指し、地方の小都市のみならず大都市をも呑み込むほどの拡張を続けた。

それは、正しい道だったのか——。二〇二〇年、コロナ禍により予定されていた東京五輪は開催延期となり、一年以上を経ても感染収束の目処(めど)は立たず、飲食店はもとより、演劇人や音楽家も深刻な打撃を受けてきた。大学も封鎖状態を解けず、学生はキャンパスに集まれない。そんな東京の窮状は、この都市のあまりの巨大化と無関係だろうか。東京は、その経済的繁栄の底に、底知れぬ文化的焼け野原を抱え込んできた。コロナ禍は、東京が抱え込んできた文化的焼け野原を一挙に露呈させた。「東京復興ならず」とは、「東京復興が実現しなかった」ことに加え、「それは東京復興ではない」という含意もあわせ持つ。

そうだとするなら、もう一度、スタートラインに引き返してみよう。経済や技術ではなく文化こそが未来の東京を育むと信じることのできた敗戦後、人々は文化に何を託そうとしていたのか。その先に望まれていたのはいかなる東京だったのか。大学はその東京で、いかなる役割を果たすべきとされていたのか。そうした問いを、高度成長やバブル経済のなかでなされた無数の開発を経た後の東京だからこそ、改めて発すべき時が来ている。

本書で試みたのは、まさにその問いである。これは、ここ数年私が他の著作で発してきた問いとも通底する。何よりも本書は、昨年出版した『五輪と戦後』（河出書房新社）や『東京裏返し』（集英社新書）と共通の問題意識に基づく。『五輪と戦後』では、一九六四年の東京五輪に照準し、それがいかに戦争の延長線上にあったのか、会場の文化地政学や聖火リレー、競技のドラマの歴史性から示した。『東京裏返し』では、街歩きを通じて現在の東京に伏在する歴史的地層に触れる方法を示した。そして本書は、敗戦後の東京に立ち返り、そこで想像された未来の挫折を検証し直す。いずれも戦後東京の軌跡の再審である。

さて、本書の主役の一人石川栄耀は、近年、都市計画史の観点から中島直人や初田香成らにより再評価が進んでいる。文化と都市の関係に照準する本書もまた、そうした若い友人たちの仕事と共振していることを願う。私はここ何年も、新しい街づくりに関心のある友人たちと都心北部に照準した「東京文化資源区構想」を推進してきた。実は、この構想のモデルが、戦後、南原繁や石川によって試みられた上野・本郷の文教地区構想である。南原らの構想から七〇年、私たちは今、彼らの文化首都構想をリバイバルさせようとしている。
そうした本書の問題意識を、中公新書編集部の小野一雄さんにお話しし、企画がスタートしたのは二〇一三年のことだ。それから七年以上、すっかり時間がかかってしまった。もたもたしている間に、二〇二〇年に開催されるはずのオリンピックは、延期どころか中止の瀬戸際まで追い込まれている。本書はもともとオリンピックシティ東京への批判だから、もうこれ以上脱稿を引き延ばすわけにはいかない。なんとか開催可否の瀬戸際に立つオリンピックにぶつけるタイミングで出版できそうである。この間、小野さんには資料のことや本の方向性、数々の相談に乗っていただいた。その優しさと辛抱強さに心から感謝したい。

二〇二一年四月二二日――六四歳の誕生日に

吉見俊哉

引用・参考文献

青柳正規『文化立国論――日本のソフトパワーの底力』ちくま新書、二〇一五年
秋野有紀『文化国家と「文化的生存配慮」――ドイツにおける文化政策の理論的基盤とミュージアムの役割』美学出版、二〇一九年
東秀紀『東京の都市計画家 高山英華』鹿島出版会、二〇一〇年
東浩紀、北田暁大『東京から考える――格差・郊外・ナショナリズム』NHKブックス、二〇〇七年
飯吉弘子「恒藤恭の文化論・地方都市論・教養論――都市が大学を持つ理由を考えるために」『大阪市立大学紀要』第五号、二〇一二年
五十嵐敬喜、小川明雄『「都市再生」を問う――建築無制限時代の到来』岩波新書、二〇〇三年
井川充雄、石川巧、中村秀之編『〈ヤミ市〉文化論』ひつじ書房、二〇一七年
石川光陽写真・文、森田写真事務所編『東京大空襲の全記録』岩波書店、一九九二年
石川栄耀『皇国都市の建設――大都市疎散問題』常磐書房、一九四四年
石川栄耀『新首都建設の構想』戦災復興本部、一九四六年
石川栄耀「大都市復興方法論」『実業之日本』第四九巻第一号、一九四六年
石川栄耀『都市復興の原理と実際』光文社、一九四六年
石川栄耀「帝都復興都市計画の報告と解説」『新建築』第二二巻第一号、一九四七年
石川栄耀「私の都市計画史（五）」『新都市』第六巻第一二号、都市計画協会、一九五二年
石田頼房『日本近代都市計画の百年』自治体研究社、一九八七年
石田頼房編『未完の東京計画――実現しなかった計画の計画史』ちくまライブラリー、一九九二年
伊藤滋『東京育ちの東京論――東と西の文化が共生する都市』PHP新書、二〇〇二年
井上純一他『東京――世界都市化の構図』青木書店、一九九〇年
井上章一『アート・キッチュ・ジャパネスク』青土社、一九八七年
井上亮『焦土からの再生――戦災復興はいかに成し得た

か』新潮社、二〇一二年
猪木武徳『大学の反省』NTT出版、二〇〇九年
上山和雄編著『帝都と軍隊――地域と民衆の視点から』日本経済評論社、二〇〇二年
浦野正樹「バブル経済期の社会変動と地上げに対する地域社会の動き」『日本都市社会学会年報』第三五号、二〇一七年
遠藤美奈「「健康で文化的な最低限度の生活」再考」飯島昇蔵、川岸令和編『憲法と政治思想の対話――デモクラシーの広がりと深まりのために』新評論、二〇〇二年
大木晴子、鈴木一誌編著『1969　新宿西口地下広場』新宿書房、二〇一四年
大野秀敏編著『シュリンキング・ニッポン――縮小する都市の未来戦略』鹿島出版会、二〇〇八年
大野秀敏、MPF『ファイバーシティ――縮小の時代の都市像』東京大学出版会、二〇一六年
尾形健「「社会改革（social revolution）」への翹望」南野森編著『憲法学の世界』日本評論社、二〇一三年
岡田大士「東京工業大学における戦後大学改革に関する歴史的研究」博士学位論文、東京工業大学、二〇〇四年
奥井復太郎『奥井復太郎著作集』全八巻＋別巻一巻、大空社、一九九六年
角本良平『続・都市交通――激増する自動車への対策』交通協力会出版部、一九六〇年
片木篤『オリンピック・シティ東京――1940・1964』河出ブックス、二〇一〇年
加藤節『南原繁――近代日本と知識人』岩波新書、一九九七年
神奈川大学人文学研究所編、熊谷謙介編著『破壊のあとの都市空間――ポスト・カタストロフィーの記憶』青弓社、二〇一七年
亀井勝一郎「文化国家の行方」『朝日新聞』一九五二年四月二八日
苅谷哲朗「丹下健三の都市軸構想と階層構造法に関する考察――丹下健三の都市デザイン　その1」『日本建築学会計画系論文集』第七九巻第六九六号、二〇一四年
川上征雄「四全総における「世界都市」東京論の展開と国土計画の課題に関する研究」『都市計画論文集』第二九巻、一九九四年
北田暁大『広告都市・東京――その誕生と死』廣済堂出版、二〇〇二年
北林賢治郎「路面電車撤去問題と首都交通整備の基本問題について」首都交通研究会『首都交通研究――首都交通対策研究報告書』第四編、一九五九年
藏薗進「都民と交通機関――都電を中心として」首都交

通研究会『首都交通研究――首都交通対策研究報告書』第四編、一九五九年
芸術研究振興財団・東京藝術大学百年史編集委員会編『東京藝術大学百年史　大学扁』ぎょうせい、二〇〇三年
越澤明『東京都市計画物語』日本経済評論社、一九九一年
越澤明『東京の都市計画』岩波新書、一九九一年
越澤明『復興計画――幕末・明治の大火から阪神・淡路大震災まで』中公新書、二〇〇五年
越澤明『東京都市計画の遺産――防災・復興・オリンピック』ちくま新書、二〇一四年
小西豊治『憲法「押しつけ」論の幻』講談社現代新書、二〇〇六年
小林真理『文化権の確立に向けて――文化振興法の国際比較と日本の現実』勁草書房、二〇〇四年
小林真理編『文化政策の現在1　文化政策の思想』東京大学出版会、二〇一八年
小松理虔『新復興論』ゲンロン、二〇一八年
小山雄一郎、辻泉「首都圏交通網形成過程の社会学的研究――高度経済成長期を中心として」日本都市社会学会第二〇回大会報告、二〇〇二年
今日出海、河盛好蔵「〝文化国家日本〟の転機」『読売新聞』一九六九年五月四日
早乙女勝元監修、東京大空襲・戦災資料センター編集『決定版　東京空襲写真集』勉誠出版、二〇一五年
佐藤昌『日本公園緑地発達史』上下巻、都市計画研究所、一九七七年
産業計画会議編『東京湾2億坪埋立についての勧告』ダイヤモンド社、一九五九年
篠原修「首都高という鏡」『建設業界』第五九六号、二〇〇二年一月
陣内秀信、板倉文雄他『東京の町を読む――下谷・根岸の歴史的生活環境』相模書房、一九八一年
陣内秀信『東京の空間人類学』筑摩書房、一九八五年
陣内秀信、法政大学・東京のまち研究会『水辺都市――江戸東京のウォーターフロント探検』朝日選書、一九八九年
陣内秀信、法政大学陣内研究室編『水の都市　江戸・東京』講談社、二〇一三年
末岡宏「梁啓超にとってのルネッサンス」『中国思想史研究』第一九号、一九九六年
高山英華、磯崎新「特集・近代日本都市計画史」『都市住宅』一九七六年四月号
高山英華、大谷幸夫、宮内嘉久『都市の領域――高山英華の仕事』建築家会館、一九九七年
田中正大『日本の公園』鹿島研究所出版会、一九七四年
田中美知太郎「文化国家と文化人」『読売新聞』一九五

八年一一月三日夕刊
田村明監修、水島孝治、檜槇貢編『積み木の都市　東京――不連続な街の集積』都市出版、一九九七年
丹下健三『日本列島の将来像――21世紀への建設』講談社現代新書、一九六六年
丹下健三研究室「東京計画――1960　その構造改革の提案」『新建築』第三六巻第三号、一九六一年
辻井喬、上野千鶴子『ポスト消費社会のゆくえ』文春新書、二〇〇八年
鶴見俊輔編著『日本の百年2　廃墟の中から』筑摩書房、一九六一年
鶴見俊輔「言葉のお守り的使用法について」『鶴見俊輔著作集』第三巻、筑摩書房、一九七五年。初出『思想の科学』一九四六年五月号
N・ティラッソー、松村高夫、T・メイソン、長谷川淳一『戦災復興の日英比較』知泉書館、二〇〇六年
東京市政調査会首都研究所「首都交通に関する調査(3)――交通調整における都の権限に関する研究」『都市計画に関する基礎調査』一九六五年
東京大学百年史編集委員会編『東京大学百年史　通史二』東京大学、一九八五年
東京大空襲・戦災資料センター監修、山辺昌彦、井上祐子編『東京復興写真集1945～46――文化社がみた焼跡からの再起』勉誠出版、二〇一六年
東京都建設局都市計画課『東京復興都市計画概要』一九四六年
東京都交通局『都電――60年の生涯』一九七一年
東京都政調査会『東京の路面交通に関する三つの世論調査』一九六二年
都市計画協会、東京都建設局（丹下健三他企画構成）「都市復興展覧会」『新都市』第一巻第七号、一九四七年
都市計画設計研究所編『東京湾奥総合開発調査研究報告』日本地域開発センター東京湾奥総合開発調査研究委員会、一九八六年
豊川斎赫『群像としての丹下研究室――戦後日本建築・都市史のメインストリーム』オーム社、二〇一二年
豊川斎赫『丹下健三――戦後日本の構想者』岩波新書、二〇一六年
中江彬「明治時代のルネサンス概念、天心と樗牛」『人文学論集』第二三号、二〇〇五年
永江朗『セゾン文化は何を夢みた』朝日新聞出版、二〇一〇年
中尾正俊、八木秀彰「路面電車の社会的役割と機能の変容」『広島修大論集』第五一巻第一号、二〇一〇年
中島直人、西成典久、初田香成、佐野浩祥、津々見崇『都市計画家 石川栄耀――都市探究の軌跡』鹿島出版会、二〇〇九年

中島直人『都市計画の思想と場所——日本近代都市計画史ノート』東京大学出版会、二〇一八年
南後由和、加島卓編『文化人とは何か？』東京書籍、二〇一〇年
難波功士『「広告」への社会学』世界思想社、二〇〇〇年
南原繁「新日本文化の創造」「民族の再生」「大学の理念」『文化と国家——南原繁演述集』上下巻、東京大学出版会、一九五七年
南原繁『南原繁著作集』全一〇巻、岩波書店、一九七二〜七三年
南原繁研究会編『南原繁の戦後体制構想』横濱大氣堂、二〇一七年
西成典久、齋藤潮「石川栄耀の広場設計思想——新宿コマ劇前広場をめぐって」『都市計画論文集』第三九巻第三号、二〇〇四年
日本開発構想研究所『戦後70年の国土・地域計画の変遷と今後の課題』（UEDレポート）日本開発構想研究所、二〇一五年六月
日本経済新聞社編『東京プロブレム——日本経済の巨大迷路』日本経済新聞社、一九八八年
J・H・ニューマン著、ピーター・ミルワード編、田中秀人訳『大学で何を学ぶか』大修館書店、一九八三年
橋本健二、初田香成編著『盛り場はヤミ市から生まれた』青弓社、二〇一三年
羽田貴史『戦後大学改革』玉川大学出版部、一九九九年
初田香成『都市の戦後——雑踏のなかの都市計画と建築』東京大学出版会、二〇一一年
平田オリザ『芸術立国論』集英社新書、二〇〇一年
平松剛『磯崎新の「都庁」——戦後日本最大のコンペ』文藝春秋、二〇〇八年
平山洋介『東京の果てに』NTT出版、二〇〇六年
広川禎秀「戦後初期における恒藤恭の文化国家・文化都市論」『都市文化研究』第二号、二〇〇三年
法政大学江戸東京研究センター他編著『江戸東京の都市組織に挑む——上野 本郷 谷中 根津 下谷』彰国社、二〇一九年
堀江興「東京の戦災復興街路計画の史的研究」『土木学会論文集』第四〇七号、一九八九年
本間義人『国土計画を考える——開発路線のゆくえ』中公新書、一九九九年
本間義人「東京緑地地域計画と石川栄耀——土地問題をめぐる攻防　練馬区を例に」『現代福祉研究』第二号、二〇〇二年
前田多門『山荘静思』羽田書店、一九四七年
町村敬志『「世界都市」東京の構造転換——都市リストラクチュアリングの社会学』東京大学出版会、一九九四年

町村敬志、吉見俊哉編著『市民参加型社会とは――愛知万博計画過程と公共圏の再創造』有斐閣、二〇〇五年
松葉一清『『帝都復興史』を読む』新潮選書、二〇一二年
松原隆一郎他『〈景観〉を再考する』青弓社ライブラリー、二〇〇四年
水出幸輝『〈災後〉の記憶史――メディアにみる関東大震災・伊勢湾台風』人文書院、二〇一九年
三菱地所設計居住技術研究所『国際基督教大学歴史調査報告書』二〇一一年三月
源川真希『首都改造――東京の再開発と都市政治』歴史文化ライブラリー、二〇二〇年
蓑原敬『街づくりの変革――生活都市計画へ』学芸出版社、一九九八年
蓑原敬『成熟のための都市再生――人口減少時代の街づくり』学芸出版社、二〇〇三年
宮原浩二郎「「復興」とは何か――再生型災害復興と成熟社会」『先端社会研究』第五号、二〇〇六年
宮本克己「戦災復興計画における緑地地域の指定に関する二、三の考察」『造園雑誌』第五六巻第四号、一九九三年
森まゆみ『東京遺産――保存から再生・活用へ』岩波新書、二〇〇三年
安井誠一郎『東京私記』都政人協会、一九六〇年
山田正男『時の流れ　都市の流れ』都市研究所、一九七三年
山田正男『東京の都市計画に携わって――元東京都首都整備局長・山田正男氏に聞く』東京都新都市建設公社まちづくり支援センター、二〇〇一年
吉見俊哉『都市のドラマトゥルギー――東京・盛り場の社会史』弘文堂、一九八七年
吉見俊哉『視覚都市の地政学――まなざしとしての近代』岩波書店、二〇一六年
吉見俊哉『平成時代』岩波新書、二〇一九年
吉見俊哉『アフター・カルチュラル・スタディーズ』青土社、二〇一九年
吉見俊哉『五輪と戦後――上演としての東京オリンピック』河出書房新社、二〇二〇年
吉見俊哉『大学という理念――絶望のその先へ』東京大学出版会、二〇二〇年
吉見俊哉『東京裏返し――社会学的街歩きガイド』集英社新書、二〇二〇年
和田春樹『「平和国家」の誕生――戦後日本の原点と変容』岩波書店、二〇一五年
渡邊大志『東京臨海論――港からみた都市構造史』東京大学出版会、二〇一七年
『新建築』「文教地区特輯」第二二巻第一〇・一一号、一九四七年

吉見俊哉（よしみ・しゅんや）

1957年（昭和32年），東京都に生まれる．東京大学大学院社会学研究科博士課程単位取得退学．現在，東京大学大学院情報学環教授．東京大学副学長，東京大学新聞社理事長などを歴任．専攻，社会学，都市論，メディア論，文化研究．著書に『都市のドラマトゥルギー』『博覧会の政治学』『大学とは何か』『視覚都市の地政学』『現代文化論』『平成時代』『アフター・カルチュラル・スタディーズ』『五輪と戦後』『東京裏返し』『大学という理念』『大学は何処へ』などがある．

東京復興ならず
中公新書 *2649*

2021年6月25日発行

著　者　吉見俊哉
発行者　松田陽三

本文印刷　三晃印刷
カバー印刷　大熊整美堂
製　　本　小泉製本

発行所　中央公論新社
〒100-8152
東京都千代田区大手町 1-7-1
電話　販売 03-5299-1730
　　　編集 03-5299-1830
URL http://www.chuko.co.jp/

Published by CHUOKORON-SHINSHA, INC.
Printed in Japan　ISBN978-4-12-102649-1 C1236

中公新書

現代史